Florian Ion Petrescu & Relly Victoria Petrescu

I0474110

ANGRENAJE

CREATE SPACE
PUBLISHER
-USA 2011-

Scientific reviewer:

Dr. Veturia CHIROIU
Honorific member of
Technical Sciences Academy of Romania (ASTR)
PhD supervisor in Mechanical Engineering

Copyright

Title: Angrenaje

Authors: Florian Ion PETRESCU, Relly Victoria Petrescu

ISBN 978-1-4680-9240-0

WELCOME

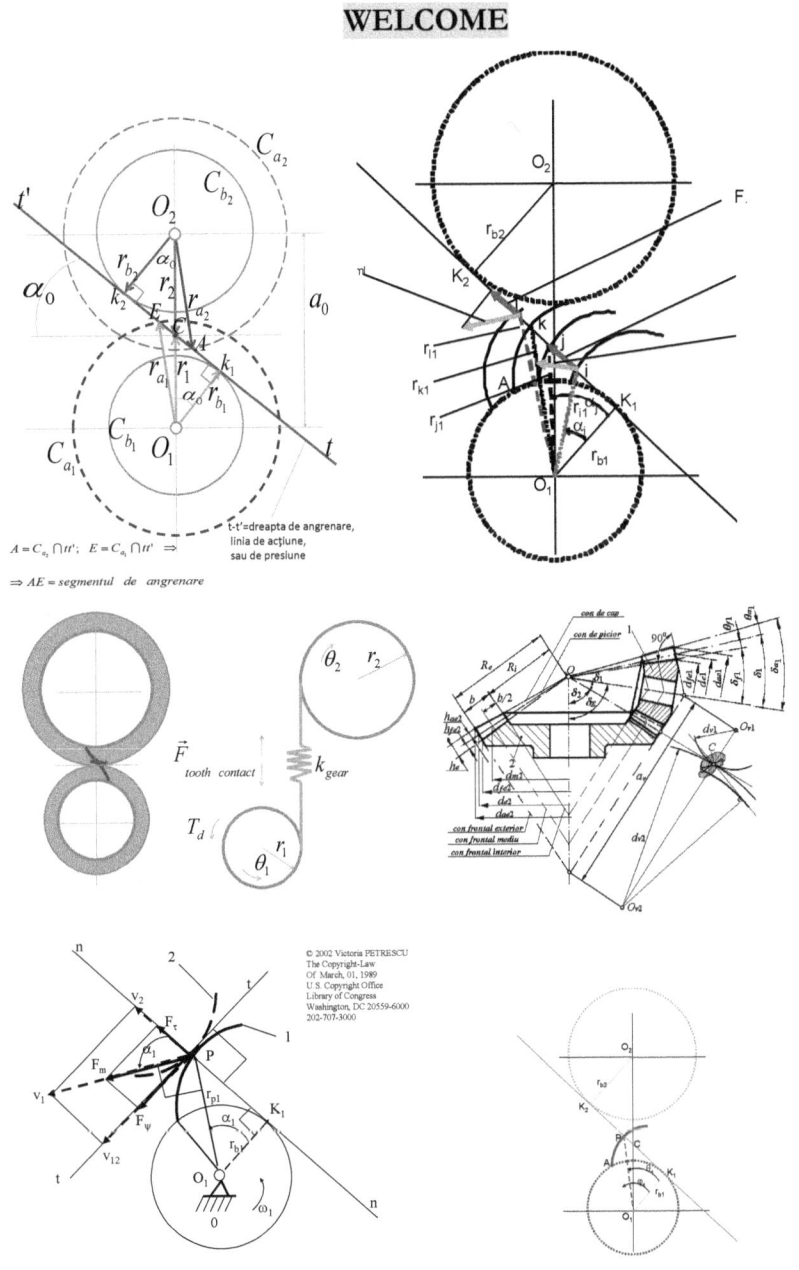

$A = C_{a_2} \cap tt'$; $E = C_{a_1} \cap tt'$ $\Rightarrow$

$\Rightarrow AE = segmentul \ de \ angrenare$

t-t'=dreapta de angrenare,
linia de acţiune,
sau de presiune

Sunteţi invitaţi să citiţi întreaga carte!
Autorii.

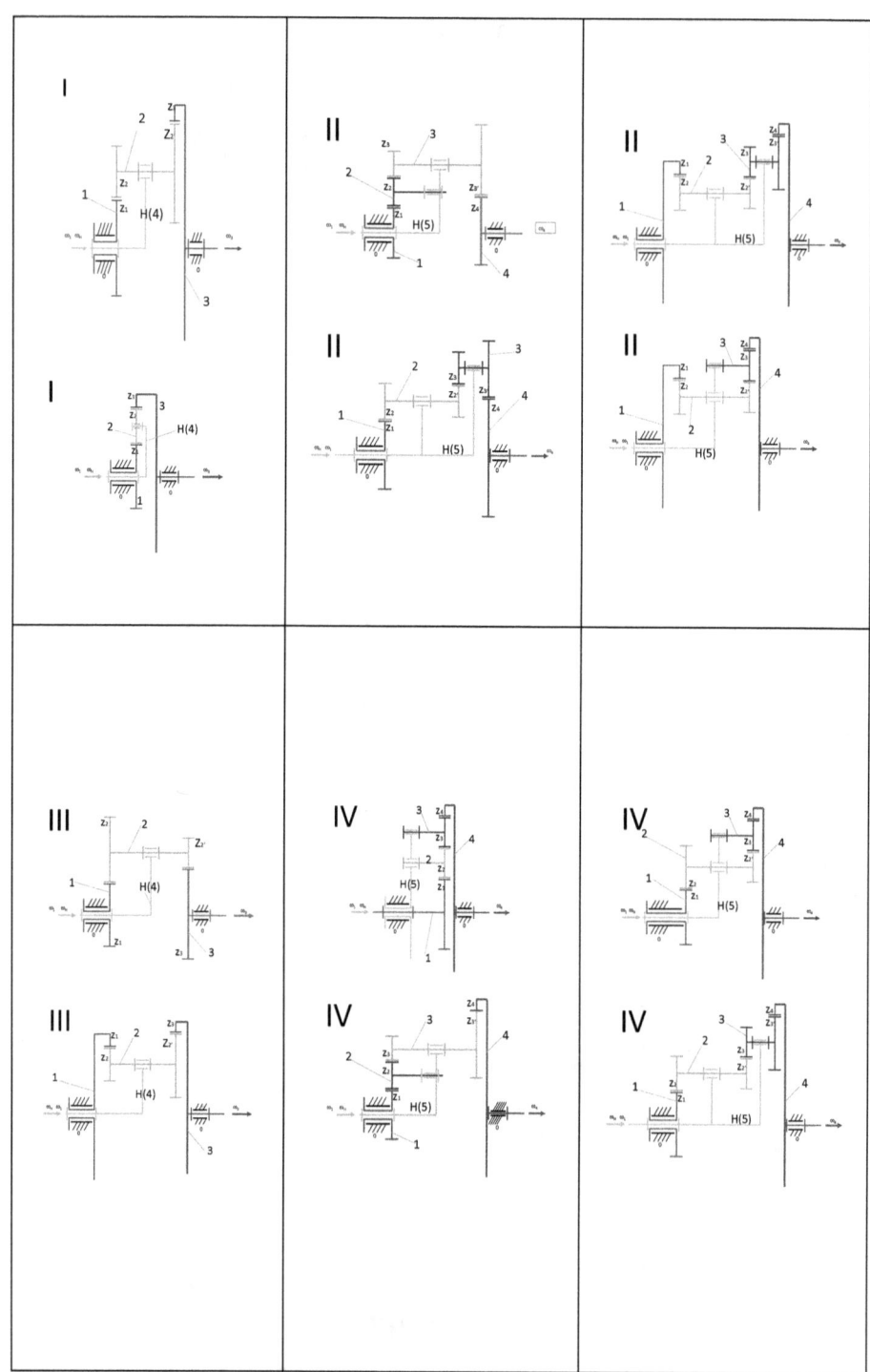

CAP. I

ANGRENAJE CU AXE FIXE, SAU MECANISME CU ROŢI DINŢATE CU AXE FIXE

1.1. DEFINIŢIE ŞI CLASIFICARE

Conform standardelor în vigoare (vezi STAS 915/2-81), angrenajul se defineşte ca fiind un mecanism elementar format din două elemente dinţate (roţi, sectoare, sau bare dinţate), aflate în mişcare rotativă / translantă absolută sau relativă, în care unul din elemente îl antrenează pe celălalt prin acţiunea dinţilor aflaţi în contact succesiv şi continuu.

Angrenajele, sau mecanismele cu roţi dinţate, sunt practic cuple superioare (în general de clasa a patra - C_4), care au rolul de a transmite şi sau transforma mişcarea, prin reducerea turaţiei (cu creşterea momentului), ori prin amplificarea vitezei unghiulare (cu scăderea sarcinii), de la intrare către ieşire, cu păstrarea aproximativ constantă a puterii (cu pierderi foarte mici, mecanice şi de fricţiune, datorită randamentelor mari şi foarte mari la care lucrează mecanismele cu roţi dinţate).

Cele mai vechi, mai utilizate (mai răspândite), mai fiabile, funcţionând şi cu randamente mai bune, sunt angrenajele cu axe fixe, care vor fi prezentate în acest capitol. Există şi angrenaje cu axe mobile (fac obiectul unui capitol separat), sau mixte, care deşi sunt mai uşoare şi mai compacte, funcţionează în schimb cu randamente mai scăzute, decât cele cu axe fixe, şi sunt şi mai puţin rigide şi fiabile.

Din punct de vedere structural-geometro-cinematic (şi constructiv), angrenajele cu axe fixe se clasifică în trei mari categorii (vezi figura 1), în funcţie de poziţia relativă a axelor celor două roţi care alcătuiesc angrenajul: A-paralele (cilindrice), B-concurente (conice) şi C-încrucişate (de tip melc-roată melcată, hipoidale, toroidale).

A- angrenaje cu axe paralele (angrenaje cilindrice)

B- angrenaje cu axe concurente (angrenaje conice)

C- angrenaje cu axe încrucişate (de tip melc-roată melcată, sau hipoide)

Fig. 1. *Clasificarea angrenajelor*

La categoriile A şi B putem avea dantură dreaptă, înclinată, curbă, sau în V.

Angrenările cilindrice (A) pot fi exterioare (între două roţi cu dantură exterioară) sau interioare (între o roată cu dantură exterioară şi una cu dantură interioară). Ele pot fi şi combinate, un element având mişcare de rotaţie (roată dinţată cu dantură exterioară) iar celălalt de traslaţie (cremalieră).

1.2. ELEMENTELE GEOMETRICE DE BAZĂ ALE UNUI ANGRENAJ CILINDRIC CU DINŢI DREPŢI

Elementele geometrice ale unei roţi dinţate şi ale unui angrenaj pot fi urmărite în figura 1 (conform standardelor internaţionale).

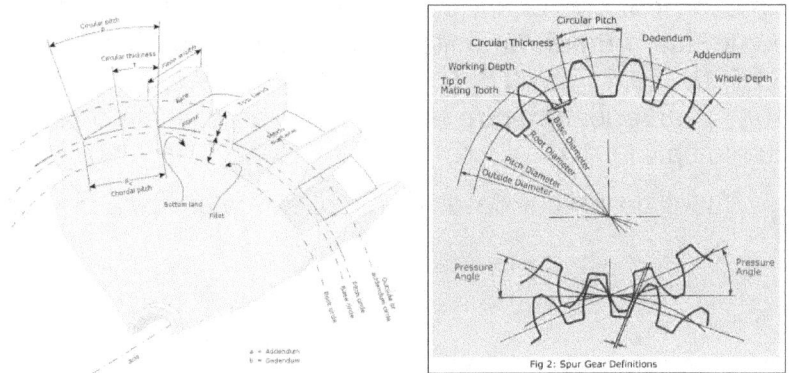

Fig. 1. *Elementele geometrice ale unui angrenaj cilindric cu dinţi drepţi; cercurile de cap, de rădăcină, şi de divizare; pasul circular*

În cazul când axele de rotaţie sunt paralele, angrenajul se numeşte cilindric. Când linia dinţilor are aceeaşi direcţie cu axa de rotaţie se spune că angrenajul are dinţii drepţi.

Principalii parametri ai unui astfel de angrenaj sunt puşi în evidenţă în figura 1, în care este reprezentată dantura unei roţi cu profil nedeplasat, în cadrul unui angrenări cilindrice exterioare nedeplasată cu dinţi drepţi.

Elementul de pornire al unei roţi este cercul de divizare (sau de pas – pe care se măsoară pasul), cerc care defineşte şi poziţia celorlalte cercuri ale roţii. Diametrul cercului de divizare este unul dintre primele elemente ce se pot calcula la o roată, cât şi la un angrenaj (la un angrenaj vom avea două roţi deci două diametre de divizare; a se vedea formulele 1).

$$d_1 = m \cdot z_1; \quad d_2 = m \cdot z_2 \qquad (1)$$

Unde z_1 si z_2 reprezintă numerele de dinţi ale roţii 1 respectiv 2, iar m (parametrul principal al unei roţi sau al unui angrenaj) este modulul roţilor şi angrenajului, el fiind practic un pas liniar, ce se măsoară în [mm], şi fie că se calculează, ori se măsoară (la analiza unui angrenaj), sau se alege (la sinteza unui angrenaj), el este o valoare standardizată, care poate lua numai anumite valori (conform STAS 822-61): 0.25; 0.3; 0.4; 0.5; 0.6; 0.8; 1; 1.25; 1.5; 2; 2.5; 3; 4; 5; 6; 8; 10;…; sau oricare dintre aceste valori amplificate ori împărţite cu multiplii lui 10.

Pasul pe cercul de divizare, p, se calculează cu formula 2.

$$p = m \cdot \pi \qquad (2)$$

Dacă se explicitează modulul din relaţia (2) rezultă expresia (3), care evidenţiază clar faptul că modulul nu este practic altceva decât un pas liniar, el fiind rezultatul împărţirii pasului liniar p la constanta π.

$$m = \frac{p}{\pi} \qquad (3)$$

Modulul mai apare şi în expresia diametrului de divizare al unei roţi dinţate, astfel încât diametrul unei roţi este direct proporţional cu modulul m, deci gabaritul roţii şi cel al angrenajului depinde direct de mărimea modulului m.

În plus aşa cum vom vedea imediat, de el depind şi valorile înălţimii capului şi piciorului dintelui, deci el este practic cel care dă şi înălţimea dinţilor ambelor roţi dinţate.

C_a este cercul de cap al dinţilor (de vârf), sau cercul cel mai din afară, sau cercul de adăugare („addendum circle"), ajungându-se la el prin adăugarea unei lungimi h_a=a=m pe raza de divizare; practic diametrul de cap d_a, va rezulta din însumarea la diametrul de divizare d a două înălţimi de cap de dinte 2h_a=2a=2m. C_r sau C_f este cercul rădăcină (cercul de la baza dintelui), sau cercul de picior al dinţilor, sau cercul de diminuare, la care se ajunge prin scăderea pe raza de divizare a valorii înălţimii piciorului dintelui h_f=b=1,25m diametrul rădăcină d_f obţinându-se prin scăderea din valoarea diametrului de divizare d a două lungimi ale înălţimii piciorului dintelui 2h_f=2b=2,5m. Cercul de rulare C_w, sau de rostogolire, este cercul roţii care este permanent tangent la cercul corespunzător al roţii pereche din angrenaj. În general el este diferit de cercul de divizare, dar la angrenajele nedeplasate şi care au roţile din angrenare construite fără deplasare de profil, diametrele de rostogolire (rulare) coincid cu cele de divizare. Acest caz particular este utilizat şi la angrenajul din figura 1. Formulele de calcul sunt date de sistemul relaţional (4).

Cu c se notează jocul de la baza dintelui. „Dedendumul b" este mai mare decât „addendumul a" cu jocul c.

Pasul circular p măsurat pe cercul de divizare conţine un plin (t=s) şi un gol (e), el reprezentând practic distanţa dintre doi dinţi consecutivi (distanţa dintre două flancuri omoloage consecutive) măsurată pe cercul de divizare. El este în mod obligatoriu acelaşi pentru ambele roţi în angrenare, deoarece cercurile trebuie să se rostogolească prin învelire reciprocă (fără alunecare). Un plin t (s) plus un gol e dau pasul p (sau p_0) pe cercul de divizare. Golul trebuie să depăşească cu puţin lungimea plinului: e>t. Adică există un joc j de forma j=e-t. În general jocul este cuprins în domeniul p/20-p/80. Cel mai uzual j=p/60.

Cunoscând valoarea jocului j=p/60=e-t, şi pe cea a pasului circular pe diametrul de divizare p=mπ=e+t, se obţin valorile lui t şi e.

$$a \equiv h_a = m; \quad b \equiv h_f = 1.25 \cdot m; \quad c = 0.25 \cdot m; \quad b = a + c;$$

$$\rho \equiv \rho_0 = 0.38 \cdot m; \quad c = b - a = h_f - h_a; \quad h = h_a + h_f = 2.25m$$

$$r_a = r + a = r + h_a = r + m \Rightarrow$$

$$\Rightarrow d_a = d + 2 \cdot a = m \cdot z + 2 \cdot m = m \cdot (z + 2) \Rightarrow$$

$$\Rightarrow \begin{cases} d_{a_1} = d_1 + 2 \cdot a = m \cdot z_1 + 2 \cdot m = m \cdot (z_1 + 2) \\ d_{a_2} = d_2 + 2 \cdot a = m \cdot z_2 + 2 \cdot m = m \cdot (z_2 + 2) \end{cases}$$

$$r_f = r - b = r - h_f = r - 1.25 \cdot m \Rightarrow$$

$$\Rightarrow d_f = d - 2 \cdot b = m \cdot z - 2 \cdot 1.25 \cdot m = m \cdot (z - 2.5) \Rightarrow$$

$$\Rightarrow \begin{cases} d_{f_1} = d_1 - 2 \cdot b = m \cdot z_1 - 2.5 \cdot m = m \cdot (z_1 - 2.5) \\ d_{f_2} = d_2 - 2 \cdot b = m \cdot z_2 - 2.5 \cdot m = m \cdot (z_2 - 2.5) \end{cases}$$

$$d_{b_1} = d_1 \cdot \cos\alpha_0; \quad d_{b_2} = d_2 \cdot \cos\alpha_0$$

$$a_0 = \frac{d_{w_1} + d_{w_2}}{2} \equiv \frac{d_1 + d_2}{2} = \frac{m}{2} \cdot (z_1 + z_2) \qquad (4)$$

$$i_{12} = \mp \frac{r_2}{r_1} = \mp \frac{d_2}{d_1} = \mp \frac{m \cdot z_2}{m \cdot z_1} = \mp \frac{z_2}{z_1} = \frac{\omega_1}{\omega_2}$$

Distanţa dintre axe a_0, (vezi figura 2 şi sistemul 4) adică distanţa dintre centrele celor două roţi dinţate din angrenare, este dată de suma razelor cercurilor de rostogolire, în cazul particular considerat în locul cercurilor de rostogolire considerând cercurile de divizare.

Raportul de transmitere de la roata conducătoare 1 la roata condusă 2, se exprimă constructiv (geometric) ca rapoarte de raze, diametre sau numere de dinţi, sau cinematic în funcţie de raţia vitezelor unghiulare (vezi sistemul relaţional 4). Semnul minus arată că se schimbă sensul de rotaţie de la roata conducătoare la cea condusă la angrenarea exterioară, iar semnul plus indică faptul că sensul de rotaţie rămâne acelaşi şi pentru roata condusă ca şi pentru cea conducătoare la angrenarea interioară alcătuită dintr-o roată cu dantură exterioară şi una cu dantură interioară (numită coroană dinţată, sau inel).

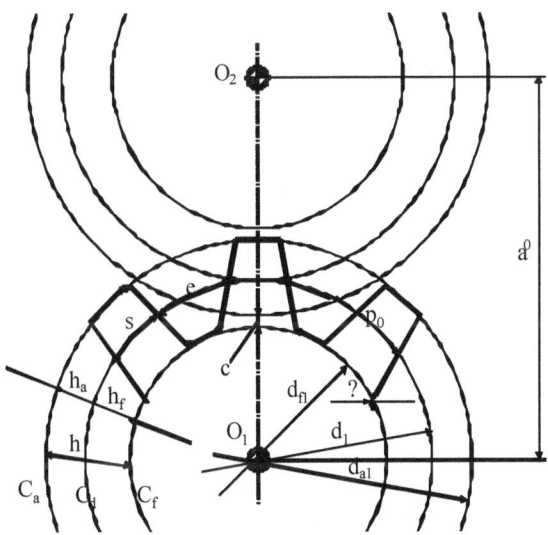

Fig. 2. *Elementele geometrice ale unui angrenaj cilindric cu dinţi drepţi; distanţa dintre axe; un plin plus un gol dau pasul circular p*

Raza de racordare la piciorul dintelui este $\rho=0,38m$ (vezi figura 2).

Cercul de bază al unei roţi este un cerc teoretic obţinut prin amplificarea diametrului de divizare al roţii respective cu cosinusul unghiului de angrenare normal pe cercul de divizare (α_0).

Unghiul de angrenare normal pe cercul de divizare este standardizat şi are de regulă valoarea de 20 [deg].

Tangenta la cele două cercuri de bază reprezintă linia de angrenare, de acţiune, de acţionare, de antrenare, de forţă, de presiune, de transmitere a forţei. Această linie nu se modifică. Ea face cu dreapta tangentă la cele două cercuri de rostogolire un unghi de presiune constant α (vezi figura 3). Dacă cercurile de divizare coincid cu (se suprapun peste) cele de rostogolire, unghiul de presiune α, capătă valoarea standardizată α_0. De regulă unghiului standardizat α_0 i se atribuie valoarea 20 [deg].

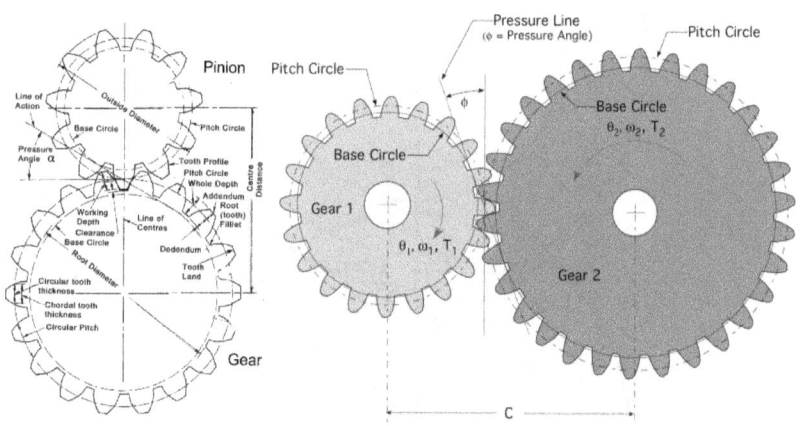

Fig. 3. *Elementele geometrice ale unui angrenaj cilindric cu dinţi drepţi; dreapta de angrenare (sau linia de acţiune) ori linia de presiune; unghiul de presiune notat de regulă cu α sau ϕ*

Pentru ca angrenarea să se desfăşoare fără şocuri, fără alunecări, fără zgomote, şi fără jocuri, se proiectează angrenajul în aşa fel încât atunci când o pereche de dinţi iese din angrenare, să fie deja intrată în angrenare perechea următoare.

Numărul de perechi de dinţi aflate în angrenare simultan (pentru o bună funcţionare a angrenajului) reprezintă gradul de acoperire. Deci gradul de acoperire al angrenajului („contact ratio", în engleză) notat cu ε (arată câte perechi de dinţi sunt în angrenare în acelaşi timp).

El se obţine cu relaţia (5) sau (7) pentru o angrenare exterioară şi cu relaţia (6) sau (8) pentru o angrenare interioară.

$$\varepsilon = \frac{\sqrt{(z_1 + 2)^2 - z_1^2 \cos^2 \alpha_0} + \sqrt{(z_2 + 2)^2 - z_2^2 \cos^2 \alpha_0} - (z_1 + z_2)\sin\alpha_0}{2 \cdot \pi \cdot \cos\alpha_0} \quad (5)$$

$$\varepsilon = \frac{\sqrt{(z_e + 2)^2 - z_e^2 \cos^2 \alpha_0} - \sqrt{(z_i - 2)^2 - z_i^2 \cos^2 \alpha_0} + (z_i - z_e)\sin\alpha_0}{2 \cdot \pi \cdot \cos\alpha_0} \quad (6)$$

$$\varepsilon_{12}^{a.e.} = \frac{\sqrt{z_1^2 \cdot \sin^2 \alpha_0 + 4 \cdot z_1 + 4} + \sqrt{z_2^2 \cdot \sin^2 \alpha_0 + 4 \cdot z_2 + 4} - (z_1 + z_2) \cdot \sin\alpha_0}{2 \cdot \pi \cdot \cos\alpha_0} \quad (7)$$

$$\varepsilon_{12}^{a.i.} = \frac{\sqrt{z_e^2 \cdot \sin^2 \alpha_0 + 4 \cdot z_e + 4} - \sqrt{z_i^2 \cdot \sin^2 \alpha_0 - 4 \cdot z_i + 4} + (z_i - z_e) \cdot \sin\alpha_0}{2 \cdot \pi \cdot \cos\alpha_0} \quad (8)$$

Deducerea lungimii segmentului de angrenare AE, şi a mărimii gradului de acoperire la angrenarea exterioară.

În figura 4 este prezentată schematic deducerea gradului de acoperire ε, pe baza obţinerii (calculării) lungimii segmentului de angrenare AE.

Se trasează cele două cercuri de bază (C_{b1} şi C_{b2}) şi tangenta lor comună tt'. Ducem r_{b1} şi r_{b2}, razele celor două cercuri de bază, perpendiculare pe dreapta de angrenare t-t' în punctele k_1 respectiv k_2. Angrenarea poate avea loc cel mult între aceste două puncte. Se vor determina în continuare cu exactitate punctul A de intrare în angrenare, cât şi punctul E de ieşire din angrenare. Punctul A se obţine prin intersectarea cercului de cap (addendum) al roţii 2, C_{a2} cu dreapta tt'. Punctul E se obţine prin intersectarea cercului de cap al roţii 1, C_{a1} cu dreapta tt'. Angrenarea se va face exact între cele două puncte AE de intrare în angrenare şi de ieşire din angrenare (vezi figura 4).

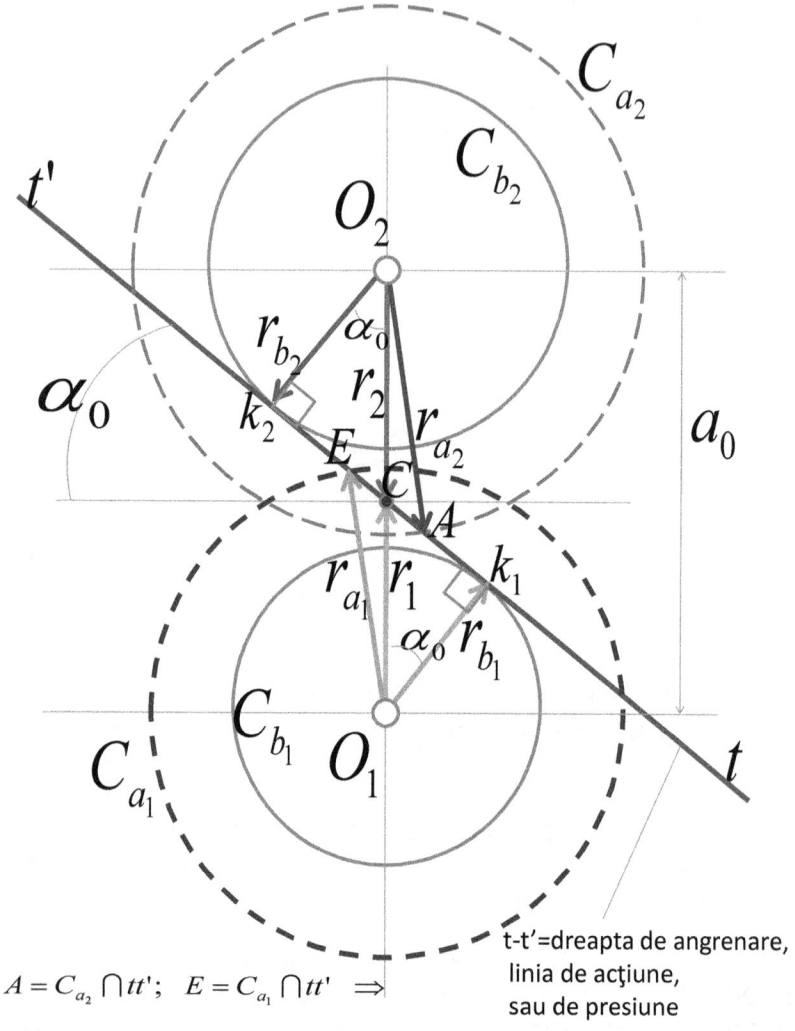

$A = C_{a_2} \bigcap tt'$; $E = C_{a_1} \bigcap tt'$ $\Rightarrow$

t-t'=dreapta de angrenare,
linia de acţiune,
sau de presiune

$\Rightarrow AE = segmentul \quad de \quad angrenare$

Fig. 4. *Elementele geometrice ale unui angrenaj cilindric cu dinţi drepţi; dreapta de angrenare; deducerea segmentului de angrenare AE şi a gradului de acoperire ε_{12}*

Segmentul AE (lungimea lui în mm) în cadrul căruia se face angrenarea efectivă a perechilor de dinţi, se compară cu lungimea desfăşurată a pasului circular pe cercul de bază p_b, obţinută prin proiectarea pasului circular p de pe cercul de divizare pe cercul de bază, conform relaţiei (9).

$$p_b \equiv p_{b_0} = p \cdot \cos\alpha_0 = m \cdot \pi \cdot \cos\alpha_0 \qquad (9)$$

Pasul circular pe cercul de bază arată cât durează angrenarea unei perechi. De câte ori el se cuprinde în segmentul efectiv de angrenare AE, atâtea perechi de angrenare vor încăpea simultan în segmentul AE pe care se face angrenarea efectivă. Practic gradul de acoperire va fi raportul dintre AE şi p_b. El trebuie să fie supraunitar, pentru a avea mai multe perechi în angrenare simultană astfel încât să nu mai apară „timpi morţi", întreruperi ale angrenării, jocuri şi ciocniri la intrarea în angrenare datorate jocurilor, acestea producând şi vibraţii şi zgomote. Un grad de acoperire cât mai mare aduce şi un randament mecanic al angrenajului sporit.

Segmentul de angrenare AE se calculează direct cu relaţia (10).

$$AE = K_1E + K_2A - K_1K_2 \qquad (10)$$

Expresia K_1E se obţine din triunghiul dreptunghic O_1K_1E, prin aplicarea teoremei lui Pitagora (relaţia 11).

$$K_1E = \sqrt{r_{a_1}^2 - r_{b_1}^2} \qquad (11)$$

Similar se determină şi expresia K_2A prin aplicarea teoremei lui Pitagora (relaţia 12) în triunghiul dreptunghic O_2K_2A.

$$K_2A = \sqrt{r_{a_2}^2 - r_{b_2}^2} \qquad (12)$$

K_1K_2 se exprimă trigonometric prin calcularea segmentelor K_1C şi K_2C şi prin însumarea lor (relaţia 13).

$$K_1K_2 = K_1C + K_2C = r_1 \cdot \sin\alpha_0 + r_2 \cdot \sin\alpha_0 =$$
$$= (r_1 + r_2) \cdot \sin\alpha_0 = a_0 \cdot \sin\alpha_0 \qquad (13)$$

Se înlocuiesc apoi cele trei segmente calculate cu relaţiile (11), (12), (13), în expresia (10) şi rezultă lungimea segmentului de angrenare AE (relaţia 14).

$$AE = \sqrt{r_{a_1}^2 - r_{b_1}^2} + \sqrt{r_{a_2}^2 - r_{b_2}^2} - a_0 \cdot \sin\alpha_0 \qquad (14)$$

Gradul de acoperire ε se determină prin împărţirea lui AE la pasul p_b (relaţia 15).

$$\varepsilon \equiv \varepsilon_{12} = \frac{\sqrt{r_{a_1}^2 - r_{b_1}^2} + \sqrt{r_{a_2}^2 - r_{b_2}^2} - a_0 \cdot \sin\alpha_0}{m \cdot \pi \cdot \cos\alpha_0} \qquad (15)$$

Înlocuind în (15) valorile razelor în funcţie de numerele de dinţi ale roţilor din angrenare se obţine direct relaţia (5). Dacă se desfac binoamele (se ridică la pătrat binoamele) de sub radicali, se obţine relaţia (7).

Evitarea fenomenului de interferenţă

Pentru ca să se evite fenomenul de interferenţă (figura 4) punctul A trebuie să se găsească între C şi K_1 (adică cercul de cap al roţii 2, C_{a2}, trebuie să taie segmentul de angrenare între punctele C şi K_1, şi sub nici o formă să nu depăşească punctul K_1). La fel, cercul C_{a1} trebuie să taie dreapta de angrenare între punctele C şi K_2, determinând punctul E, care sub nici o formă nu trebuie să treacă de K_2. Aceste condiţii de evitare a interferenţei se scriu cu relaţiile (16).

$$CA < K_1 C \quad si \quad CE < K_2 C$$

$$CA = K_2 A - K_2 C = \sqrt{r_{a_2}^2 - r_{b_2}^2} - r_2 \cdot \sin \alpha_0; \quad CA < K_1 C \Rightarrow$$

$$\Rightarrow \sqrt{r_{a_2}^2 - r_{b_2}^2} - r_2 \cdot \sin \alpha_0 < r_1 \cdot \sin \alpha_0 \Rightarrow \sqrt{r_{a_2}^2 - r_{b_2}^2} < (r_1 + r_2) \cdot \sin \alpha_0$$

$$\Rightarrow d_{a_2}^2 - d_{b_2}^2 < (d_1 + d_2)^2 \cdot \sin^2 \alpha_0 \Rightarrow$$

$$\Rightarrow m^2 \cdot (z_2 + 2)^2 - m^2 \cdot z_2^2 \cdot \cos^2 \alpha_0 < m^2 \cdot (z_1 + z_2)^2 \cdot \sin^2 \alpha_0 \Rightarrow$$

$$\Rightarrow z_2^2 + 4 \cdot z_2 + 4 - z_2^2 < z_1^2 \cdot \sin^2 \alpha_0 + 2 \cdot z_1 \cdot z_2 \cdot \sin^2 \alpha_0 \Rightarrow$$

$$\Rightarrow 4 \cdot z_2 + 4 < z_1^2 \cdot \sin^2 \alpha_0 + 2 \cdot z_1 \cdot z_2 \cdot \sin^2 \alpha_0$$

$$din \quad CE < K_2 C \Rightarrow 4 \cdot z_1 + 4 < z_2^2 \cdot \sin^2 \alpha_0 + 2 \cdot z_1 \cdot z_2 \cdot \sin^2 \alpha_0$$

$$se \quad obtine \quad sistemul \quad \begin{cases} 4 \cdot z_2 + 4 < z_1^2 \cdot \sin^2 \alpha_0 + 2 \cdot z_1 \cdot z_2 \cdot \sin^2 \alpha_0 \\ 4 \cdot z_1 + 4 < z_2^2 \cdot \sin^2 \alpha_0 + 2 \cdot z_1 \cdot z_2 \cdot \sin^2 \alpha_0 \end{cases}$$

$$se \quad ia \quad i \equiv |i_{12}| = \frac{z_2}{z_1} \Rightarrow z_2 = i \cdot z_1; cu \quad care \quad obtinem \quad sistemul$$

$$\begin{cases} \sin^2 \alpha_0 \cdot (1 + 2 \cdot i) \cdot z_1^2 - 2 \cdot 2 \cdot i \cdot z_1 - 4 > 0 \\ \sin^2 \alpha_0 \cdot (i^2 + 2 \cdot i) \cdot z_1^2 - 2 \cdot 2 \cdot z_1 - 4 > 0 \end{cases} \quad care \quad au \quad solutiile:$$

$$\begin{cases} z_{1_{1,2}} = \dfrac{2 \cdot i \pm 2 \cdot \sqrt{i^2 + \sin^2 \alpha_0 + 2 \cdot i \cdot \sin^2 \alpha_0}}{(2 \cdot i + 1) \cdot \sin^2 \alpha_0} \\[4mm] z_{1_{3,4}} = \dfrac{2 \pm 2 \cdot \sqrt{1 + i^2 \cdot \sin^2 \alpha_0 + 2 \cdot i \cdot \sin^2 \alpha_0}}{(2 \cdot i + i^2) \cdot \sin^2 \alpha_0} \end{cases} \quad se \quad opresc \quad solutiile + \tag{16}$$

$$\begin{cases} z_{1_2} = 2 \cdot \dfrac{i + \sqrt{i^2 + \sin^2 \alpha_0 + 2 \cdot i \cdot \sin^2 \alpha_0}}{(2 \cdot i + 1) \cdot \sin^2 \alpha_0} \\[4mm] z_{1_4} = 2 \cdot \dfrac{1 + \sqrt{1 + i^2 \cdot \sin^2 \alpha_0 + 2 \cdot i \cdot \sin^2 \alpha_0}}{(2 \cdot i + i^2) \cdot \sin^2 \alpha_0} \end{cases}$$

Relaţia care îl generează pe z_{1_4} dă întotdeauna valori mai mici decât relaţia care-l generează pe z_{1_2}, astfel încât este suficientă condiţia (17) pentru aflarea numărului minim de dinţi necesar evitării interferenţei danturii angrenajului.

$$z_{1_2} = 2 \cdot \frac{i + \sqrt{i^2 + \sin^2 \alpha_0 + 2 \cdot i \cdot \sin^2 \alpha_0}}{(2 \cdot i + 1) \cdot \sin^2 \alpha_0} \qquad (17)$$

În tabelul 1 se prezintă valorile obţinute cu ajutorul relaţiei (17), pentru diferite valori standardizate ale raportului de transmitere i, şi pentru trei valori diferite atribuite unghiului de presiune α_0.

Tabelul 1. Z_{min} *pentru evitarea interferenţei*

α_0	20 [deg]									
i	1	1.25	1.6	2	2.5	3.15	4	5	6.3	8
z_{1_2}	12.32	12.96	13.62	14.16	14.64	15.07	15.44	15.74	15.99	16.22

α_0	20 [deg]									
i	10	12.5	16	20	25	31.5	40	50	63	80
z_{1_2}	16.38	16.52	16.64	16.73	16.80	16.86	16.91	16.95	16.98	17.00

α_0	4 [deg]									
i	1	1.25	1.6	2	2.5	3.15	4	5	6.3	8
z_{1_2}	275.	294.4	313.8	329.3	342.9	355.	365.6	373.9	380.9	387.

α_0	35 [deg]									
i	1	1.25	1.6	2	2.5	3.15	4	5	6.3	8
z_{1_2}	4.88	5.03	5.19	5.32	5.44	5.55	5.64	5.72	5.79	5.84

Se observă că numărul minim de dinţi necesar evitării interferenţei pentru unghiul de presiune standard (α_0=20 [deg]) este 13 corespunzător unui raport de transmitere i=1, şi creşte odată cu raportul de transmitere i stas ajungând la valoarea maximă de 18 dinţi pentru i>100. Pentru rapoartele de transmitere uzuale z_{min} ia valori cuprinse între 13 şi 17 dinţi, pentru unghiul de presiune standard. Dacă α_0 scade până la valoarea de 4 [deg], z_{min} variază între 275 şi 410 dinţi.

Când α_0 creşte până la valoarea de 35 [deg], z_{min} variază între 5 şi 6 dinţi.

Observaţie: Metodele mai vechi de proiectare a angrenajelor cilindrice cu dantură dreaptă, nu calculau z_{min} şi în funcţie de i, şi nu se punea problema modificării unghiului de presiune α_0, astfel încât singurele metode de a construi angrenaje care să poată să-şi scadă numărul minim de dinţi erau deplasarea de profil şi sau scurtarea dinţilor. Oricum roţile cilindrice cu dinţi drepţi s-au utilizat din ce în ce mai puţin, fiind înlocuite cu cele cu dantură înclinată, dar şi cu angrenajele conice, hiperboloidale, toroidale, melcate.

Prin scăderea numărului de dinţi al roţii conducătoare 1, scade şi gradul de acoperire cât şi randamentul angrenajului, creşte unghiul de presiune, cresc eforturile, uzura, şi scade perioada de viaţă a angrenajului.

Dacă creştem în schimb, numărul minim de dinţi al roţii de intrare, creşte gradul de acoperire, creşte randamentul angrenajului, scad unghiurile de presiune şi eforturile din cuplă, creşte fiabilitatea angrenajului, acesta funcţionând cu vibraţii şi zgomote mult mai reduse, cu randamente ridicate, şi un timp mai îndelungat.

1.3. DISTRIBUŢIA FORŢELOR ŞI DETERMINAREA RANDAMENTULUI MECANIC AL UNUI ANGRENAJ CILINDRIC

Unele mecanisme lucrează prin impulsuri şi transmit mişcarea de la un element al cuplei la celălalt prin pulsuri şi nu prin fricţiune. Altele lucrează prin fricţiune, sau combinat. Angrenajele lucrează practic numai prin impulsuri. Componenta forţei de alunecare reprezintă practic tocmai pierderea sistemului. Din acest motiv eficacitatea transmisiei mecanice a acestui tip de cuplă reprezintă tocmai randamentul mecanic al transmisiei cu angrenaje dinţate.

Influenţa pierderilor prin frecări fiind foarte mică la această cuplă, poate fi neglijată total.

Se va analiza influenţa câtorva parametrii asupra randamentului angrenajelor cu roţi dinţate. Cu relaţiile prezentate în acest capitol, se poate face sinteza mecanismelor care utilizează transmisii cu roţi dinţate.

1.3.1. Forţele din cuplă şi determinarea randamentului mecanic instantaneu

În figura 1 este prezentată cupla cinematică cu cele două profile în angrenare, cu forţele care acţionează asupra ei.

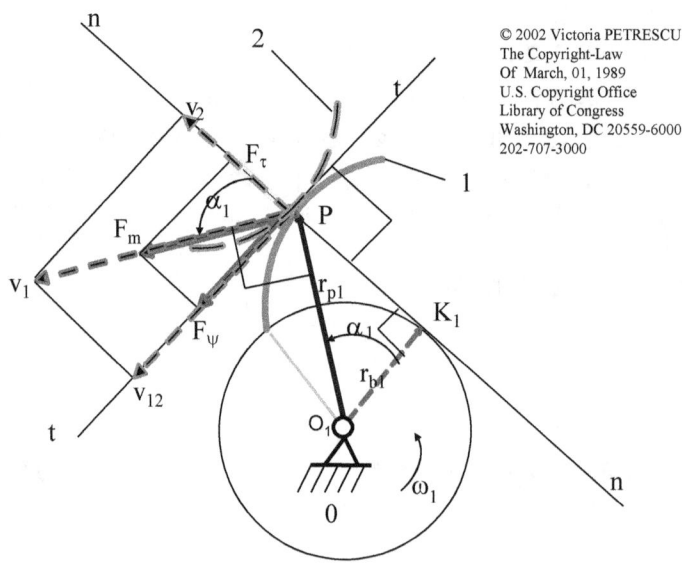

Fig. 1. *Distribuţia forţelor şi vitezelor în cupla C4 a unui angrenaj cilindric cu dinţi drepţi*

Sistemul (1) calculează forţa transmisă elementului 2 (profilului 2) în lungul liniei de angrenare în funcţie de forţa motoare, şi viteza transmisă v_2 în funcţie de viteza de intrare.

$$
\begin{cases}
F_\tau = F_m \cdot \cos\alpha_1 \quad F_\psi = F_m \cdot \sin\alpha_1 \quad \overline{F}_m = \overline{F}_\tau + \overline{F}_\psi \\[2mm]
v_2 = v_1 \cdot \cos\alpha_1 \quad v_{12} = v_1 \cdot \sin\alpha_1 \quad \overline{v}_1 = \overline{v}_2 + \overline{v}_{12}
\end{cases}
\tag{1}
$$

Unde: F_m- *forţa motoare* (forţa care se consumă); F_τ- pulsul, sau forţa transmisă (forţa utilă); F_ψ- forţa de alunecare, cu sau fără frecare (forţa care se pierde); v_1- viteza elementului 1, sau a roţii conducătoare 1; v_2- viteza elementului 2, sau a roţii conduse 2; v_{12}- viteza relativă a roţii 1 faţă de roata 2 (aceasta este o viteză de alunecare).

Puterea consumată (în cazul nostru fiind şi puterea motoare) ia forma (2).

$$
P_c \equiv P_m = F_m \cdot v_1
\tag{2}
$$

Puterea utilă (adică puterea transmisă de la roata 1 conducătoare la roata 2 condusă, de la dintele motor la dintele condus) se va scrie cu relaţia (3).

$$
P_u \equiv P_\tau = F_\tau \cdot v_2 = F_m \cdot v_1 \cdot \cos^2\alpha_1
\tag{3}
$$

Puterea pierdută se va putea exprima prin relaţia de forma (4).

$$
P_\psi = F_\psi \cdot v_{12} = F_m \cdot v_1 \cdot \sin^2\alpha_1
\tag{4}
$$

Randamentul instantaneu al cuplei se va calcula direct cu relaţia (5).

$$\begin{cases} \eta_i = \dfrac{P_u}{P_c} \equiv \dfrac{P_\tau}{P_m} = \dfrac{F_m \cdot v_1 \cdot \cos^2 \alpha_1}{F_m \cdot v_1} \end{cases} \quad \eta_i = \cos^2 \alpha_1 \qquad (5)$$

Coeficientul pierderilor instantanee se va scrie sub forma (6).

$$\begin{cases} \psi_i = \dfrac{P_\psi}{P_m} = \dfrac{F_m \cdot v_1 \cdot \sin^2 \alpha_1}{F_m \cdot v_1} = \sin^2 \alpha_1 \\ \eta_i + \psi_i = \cos^2 \alpha_1 + \sin^2 \alpha_1 = 1 \end{cases} \qquad (6)$$

Se vede cu uşurinţă faptul că suma dintre randamentul instantaneu şi coeficientul pierderilor instantanee este 1.

Se vor determina acum elementele geometrice ale angrenării. Ele vor fi necesare la determinarea randamentului cuplei, η.

1.3.2. Elementele geometrice ale angrenării

Vom determina acum următoarele elemente geometrice ale angrenării exterioare (pentru dinţi drepţi, β=0): Raza cercului de bază al roţii 1 conducătoare (7); raza cercului exterior al roţii conducătoare 1 (8); unghiul maxim de presiune al angrenării exterioare (9).

$$r_{b1} = \frac{1}{2} \cdot m \cdot z_1 \cdot \cos \alpha_0 \qquad (7)$$

$$r_{a1} = \frac{1}{2} \cdot (m \cdot z_1 + 2 \cdot m) = \frac{m}{2} \cdot (z_1 + 2) \qquad (8)$$

$$\cos\alpha_{1M} = \frac{r_{b1}}{r_{a1}} = \frac{\dfrac{1}{2} \cdot m \cdot z_1 \cdot \cos\alpha_0}{\dfrac{1}{2} \cdot m \cdot (z_1 + 2)} = \frac{z_1 \cdot \cos\alpha_0}{z_1 + 2} \qquad (9)$$

Determinăm aceiaşi parametrii şi pentru roata condusă 2: raza cercului de bază (10), raza cercului exterior (de cap) (11), şi determinarea unghiului minim de presiune al angrenării exterioare (12).

$$r_{b2} = \frac{1}{2} \cdot m \cdot z_2 \cdot \cos\alpha_0 \qquad (10)$$

$$r_{a2} = \frac{m}{2} \cdot (z_2 + 2) \qquad (11)$$

$$tg\alpha_{1m} = [(z_1 + z_2) \cdot \sin\alpha_0 - \\ -\sqrt{z_2^2 \cdot \sin^2\alpha_0 + 4 \cdot z_2 + 4}]/(z_1 \cdot \cos\alpha_0) \qquad (12)$$

Reţinem relaţiile (9)-(12).

Pentru angrenarea exterioară cu dinţi înclinaţi ($\beta\neq0$) se utilizează relaţiile de calcul (13, 14 şi 15).

La angrenările interioare cu dantură înclinată ($\beta\neq0$) se vor utiliza relaţiile de calcul (13 cu 16 şi 17-A, sau 13 cu 18 şi 19-B).

$$tg\,\alpha_t = \frac{tg\,\alpha_0}{\cos\beta} \qquad (13)$$

$$tg\,\alpha_{1m} = [(z_1 + z_2)\cdot\frac{\sin\alpha_t}{\cos\beta} - $$
$$-\sqrt{z_2^2\cdot\frac{\sin^2\alpha_t}{\cos^2\beta} + 4\cdot\frac{z_2}{\cos\beta} + 4}]\cdot\frac{\cos\beta}{z_1\cdot\cos\alpha_t} \qquad (14)$$

$$\cos\alpha_{1M} = \frac{\dfrac{z_1\cdot\cos\alpha_t}{\cos\beta}}{\dfrac{z_1}{\cos\beta} + 2} \qquad (15)$$

A. Când roata conducătoare 1, are dantură exterioară:

$$tg\,\alpha_{1m} = [(z_1 - z_2)\cdot\frac{\sin\alpha_t}{\cos\beta} + $$
$$+\sqrt{z_2^2\cdot\frac{\sin^2\alpha_t}{\cos^2\beta} - 4\cdot\frac{z_2}{\cos\beta} + 4}]\cdot\frac{\cos\beta}{z_1\cdot\cos\alpha_t} \qquad (16)$$

$$\cos\alpha_{1M} = \frac{\dfrac{z_1\cdot\cos\alpha_t}{\cos\beta}}{\dfrac{z_1}{\cos\beta} + 2} \qquad (17)$$

B. Când roata conducătoare 1, are dantură interioară:

$$tg\alpha_{1M} = [(z_1 - z_2) \cdot \frac{\sin\alpha_t}{\cos\beta} +$$

$$+ \sqrt{z_2^2 \cdot \frac{\sin^2\alpha_t}{\cos^2\beta} + 4 \cdot \frac{z_2}{\cos\beta} + 4}] \cdot \frac{\cos\beta}{z_1 \cdot \cos\alpha_t} \qquad (18)$$

$$\cos\alpha_{1m} = \frac{\dfrac{z_1 \cdot \cos\alpha_t}{\cos\beta}}{\dfrac{z_1}{\cos\beta} - 2} \qquad (19)$$

1.3.3. Determinarea randamentului

Randamentul mecanic al angrenajului se va calcula prin integrarea randamentului instantaneu pe tot sectorul de angrenare, practic de la unghiul minim de presiune până la unghiul maxim de presiune; relația (20).

$$\eta = \frac{1}{\Delta\alpha} \cdot \int_{\alpha_m}^{\alpha_M} \eta_i \cdot d\alpha = \frac{1}{\Delta\alpha} \int_{\alpha_m}^{\alpha_M} \cos^2\alpha \cdot d\alpha =$$

$$= \frac{1}{2 \cdot \Delta\alpha} \cdot [\frac{1}{2} \cdot \sin(2 \cdot \alpha) + \alpha]_{\alpha_m}^{\alpha_M} = \qquad (20)$$

$$= \frac{1}{2 \cdot \Delta\alpha} [\frac{\sin(2\alpha_M) - \sin(2\alpha_m)}{2} + \Delta\alpha] =$$

$$= \frac{\sin(2 \cdot \alpha_M) - \sin(2 \cdot \alpha_m)}{4 \cdot (\alpha_M - \alpha_m)} + 0.5$$

1.3.4. Determinarea randamentului mecanic al angrenării în funcţie şi de gradul de acoperire

Se calculează randamentul unei transmisii dinţate, având în vedere faptul că într-un moment oarecare al angrenării se află în contact (în angrenare) mai multe perechi de dinţi, şi nu doar una singură.

Modelul de pornire a fost ales ca având patru perechi de dinţi aflate în angrenare simultan. Prima pereche de dinţi în angrenare are punctul de contact i, definit de raza r_{i1}, şi de unghiul de presiune α_{i1}; forţele cuplei care acţionează în acest punct sunt: forţa motoare F_{mi}, perpendiculară pe vectorul de poziţie r_{i1} în i şi forţa transmisă de la roata conducătoare 1 la roata condusă 2 prin punctul i, $F_{\tau i}$, paralelă cu linia de angrenare şi având sensul de la roata 1 către roata 2, forţa transmisă fiind practic proiecţia forţei motoare pe segmentul de angrenare; vitezele definite sunt similare forţelor (având în vedere cinematica originală, precisă, descrisă); aceiaşi parametrii vor fi definiţi şi pentru celelalte trei puncte de contact simultan, j, k, l (figura 2.).

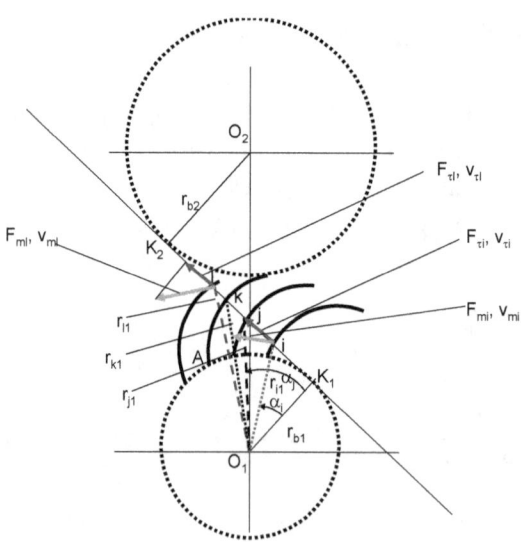

Fig. 2. *Distribuţia forţelor şi vitezelor la un angrenaj cilindric când există mai multe perechi de dinţi în angrenare simultan*

Pentru început scriem relaţiile dintre viteze (21).

$$v_{ti} = v_{mi} \cdot \cos \alpha_i = r_i \cdot \omega_1 \cdot \cos \alpha_i = r_{b1} \cdot \omega_1$$
$$v_{tj} = v_{mj} \cdot \cos \alpha_j = r_j \cdot \omega_1 \cdot \cos \alpha_j = r_{b1} \cdot \omega_1$$
$$v_{tk} = v_{mk} \cdot \cos \alpha_k = r_k \cdot \omega_1 \cdot \cos \alpha_k = r_{b1} \cdot \omega_1$$
$$v_{tl} = v_{ml} \cdot \cos \alpha_l = r_l \cdot \omega_1 \cdot \cos \alpha_l = r_{b1} \cdot \omega_1$$

(21)

Din relaţiile de viteze (21), se deduc egalităţile vitezelor tangenţiale (22), şi se explicitează vitezele motoare (23).

$$v_{ti} = v_{tj} = v_{tk} = v_{tl} = r_{b1} \cdot \omega_1$$

(22)

$$v_{mi} = \frac{r_{b1} \cdot \omega_1}{\cos \alpha_i}; v_{mj} = \frac{r_{b1} \cdot \omega_1}{\cos \alpha_j};$$
$$v_{mk} = \frac{r_{b1} \cdot \omega_1}{\cos \alpha_k}; v_{ml} = \frac{r_{b1} \cdot \omega_1}{\cos \alpha_l}$$

(23)

Forţele transmise simultan de cele patru puncte ale aceleiaşi cuple trebuie să fie egale (trebuie să aibă aceiaşi valoare) (24).

$$F_{ti} = F_{tj} = F_{tk} = F_{tl} = F_\tau$$

(24)

Forţele motoare sunt exprimate de relaţiile (25).

$$F_{mi} = \frac{F_\tau}{\cos \alpha_i}; F_{mj} = \frac{F_\tau}{\cos \alpha_j};$$
$$F_{mk} = \frac{F_\tau}{\cos \alpha_k}; F_{ml} = \frac{F_\tau}{\cos \alpha_l}$$

(25)

Randamentul instantaneu se poate scrie în forma (26).

$$\eta_i = \frac{P_u}{P_c} = \frac{P_\tau}{P_m} = \frac{F_{ti} \cdot v_{ti} + F_{tj} \cdot v_{tj} + F_{tk} \cdot v_{tk} + F_{tl} \cdot v_{tl}}{F_{mi} \cdot v_{mi} + F_{mj} \cdot v_{mj} + F_{mk} \cdot v_{mk} + F_{ml} \cdot v_{ml}} =$$

$$= \frac{4 \cdot F_\tau \cdot r_{b1} \cdot \omega_1}{\dfrac{F_\tau \cdot r_{b1} \cdot \omega_1}{\cos^2 \alpha_i} + \dfrac{F_\tau \cdot r_{b1} \cdot \omega_1}{\cos^2 \alpha_j} + \dfrac{F_\tau \cdot r_{b1} \cdot \omega_1}{\cos^2 \alpha_k} + \dfrac{F_\tau \cdot r_{b1} \cdot \omega_1}{\cos^2 \alpha_l}} = \tag{26}$$

$$= \frac{4}{\dfrac{1}{\cos^2 \alpha_i} + \dfrac{1}{\cos^2 \alpha_j} + \dfrac{1}{\cos^2 \alpha_k} + \dfrac{1}{\cos^2 \alpha_l}} =$$

$$= \frac{4}{4 + tg^2 \alpha_i + tg^2 \alpha_j + tg^2 \alpha_k + tg^2 \alpha_l}$$

Relaţiile (27) şi (28) sunt auxiliare (ajutătoare).

$$K_1 i = r_{b1} \cdot tg\alpha_i; K_1 j = r_{b1} \cdot tg\alpha_j; K_1 k = r_{b1} \cdot tg\alpha_k; K_1 l = r_{b1} \cdot tg\alpha_l$$

$$K_1 j - K_1 i = r_{b1} \cdot (tg\alpha_j - tg\alpha_i); K_1 j - K_1 i = r_{b1} \cdot \frac{2 \cdot \pi}{z_1} \Rightarrow tg\alpha_j = tg\alpha_i + \frac{2 \cdot \pi}{z_1} \tag{27}$$

$$K_1 k - K_1 i = r_{b1} \cdot (tg\alpha_k - tg\alpha_i); K_1 k - K_1 i = r_{b1} \cdot 2 \cdot \frac{2 \cdot \pi}{z_1} \Rightarrow tg\alpha_k = tg\alpha_i + 2 \cdot \frac{2 \cdot \pi}{z_1}$$

$$K_1 l - K_1 i = r_{b1} \cdot (tg\alpha_l - tg\alpha_i); K_1 l - K_1 i = r_{b1} \cdot 3 \cdot \frac{2 \cdot \pi}{z_1} \Rightarrow tg\alpha_l = tg\alpha_i + 3 \cdot \frac{2 \cdot \pi}{z_1}$$

$$tg\alpha_j = tg\alpha_i \pm \frac{2 \cdot \pi}{z_1};$$

$$tg\alpha_k = tg\alpha_i \pm 2 \cdot \frac{2 \cdot \pi}{z_1}; \tag{28}$$

$$tg\alpha_l = tg\alpha_i \pm 3 \cdot \frac{2 \cdot \pi}{z_1}$$

Se păstrează relaţiile (28), cu semnul plus (+) pentru angrenările la care roata conducătoare-1 are dantură exterioară (acest lucru este posibil atât la angrenările exterioare cât şi la cele interioare), şi cu semnul minus (-) numai pentru angrenările la care roata conducătoare 1 are dantură interioară, adică atunci când roata conducătoare-1 este un inel (numai la angrenările interioare). Relaţia de calcul a randamentului instantaneu (26) utilizează relaţiile auxiliare (28) şi capătă astfel aspectul (29).

$$\eta_i = \frac{4}{4 + tg^2\alpha_i + tg^2\alpha_j + tg^2\alpha_k + tg^2\alpha_l} =$$

$$= \frac{4}{4 + tg^2\alpha_i + (tg\alpha_i \pm \frac{2\pi}{z_1})^2 + (tg\alpha_i \pm 2\cdot\frac{2\pi}{z_1})^2 + (tg\alpha_i \pm 3\cdot\frac{2\pi}{z_1})^2} =$$

$$= \frac{4}{4 + 4\cdot tg^2\alpha_i + \frac{4\pi^2}{z_1^2}\cdot(0^2 + 1^2 + 2^2 + 3^2) \pm 2\cdot tg\alpha_i \cdot \frac{2\pi}{z_1}\cdot(0+1+2+3)} =$$

$$= \frac{1}{1 + tg^2\alpha_i + \frac{4\pi^2}{E\cdot z_1^2}\cdot\sum_{i=1}^{E}(i-1)^2 \pm 2\cdot tg\alpha_i \cdot \frac{2\pi}{E\cdot z_1}\cdot\sum_{i=1}^{E}(i-1)} =$$

$$= \frac{1}{1 + tg^2\alpha_1 + \frac{4\pi^2}{E\cdot z_1^2}\cdot\frac{E\cdot(E-1)\cdot(2\cdot E-1)}{6} \pm \frac{4\pi\cdot tg\alpha_1}{E\cdot z_1}\cdot\frac{E\cdot(E-1)}{2}} =$$

$$= \frac{1}{1 + tg^2\alpha_1 + \frac{2\pi^2\cdot(E-1)\cdot(2E-1)}{3\cdot z_1^2} \pm \frac{2\pi\cdot tg\alpha_1\cdot(E-1)}{z_1}} = \quad (29)$$

$$= \frac{1}{1 + tg^2\alpha_1 + \frac{2\pi^2}{3\cdot z_1^2}\cdot(\varepsilon_{12}-1)\cdot(2\cdot\varepsilon_{12}-1) \pm \frac{2\pi\cdot tg\alpha_1}{z_1}\cdot(\varepsilon_{12}-1)}$$

În expresia (29) s-a pornit cu relaţia (26) scrisă pentru patru perechi de dinţi aflate simultan în angrenare, dar se continuă apoi printr-o generalizare a expresiei randamentului instantaneu, prin înlocuirea celor patru perechi de dinţi aflaţi simultan în angrenare cu un număr oarecare E de perechi aflate simultan în angrenare, numărul E reprezentând o variabilă reală care poate lua şi valori diferite de un întreg, variabilă reală care aşa cum se va observa reprezintă de fapt suma dintre gradul de acoperire +1, iar după restrângerea expresiilor date de sumele numerice din relaţie vom putea înlocui şi variabila de lucru respectivă E cu gradul de acoperire efectiv ε_{12}.

Este necesar să determinăm în final randamentul mecanic al angrenării, fapt pentru care utilizăm următoarea aproximare: unghiul de presiune α_1, va fi mediat (înlocuit) cu valoarea unghiului de presiune normal pe diametrul de divizare α_0. În acest fel relaţia (29) a randamentului instantaneu capătă forma (30) a randamentului mecanic; pentru determinarea sa (a randamentului mecanic) aşa cum s-a specificat deja utilizăm şi variabila ε_{12} reprezentând gradul de acoperire al angrenajului, grad ce se determină cu expresia (31) la angrenările exterioare, şi cu relaţia (32) în cazul angrenărilor interioare.

$$\eta_m = \cfrac{1}{1 + tg^2\alpha_0 + \cfrac{2\pi^2}{3 \cdot z_1^2} \cdot (\varepsilon_{12} - 1) \cdot (2 \cdot \varepsilon_{12} - 1) \pm \cfrac{2\pi \cdot tg\alpha_0}{z_1} \cdot (\varepsilon_{12} - 1)} \qquad (30)$$

$$\varepsilon_{12}^{a.e.} = \frac{\sqrt{z_1^2 \cdot \sin^2\alpha_0 + 4 \cdot z_1 + 4} + \sqrt{z_2^2 \cdot \sin^2\alpha_0 + 4 \cdot z_2 + 4} - (z_1 + z_2) \cdot \sin\alpha_0}{2 \cdot \pi \cdot \cos\alpha_0} \qquad (31)$$

$$\varepsilon_{12}^{a.i.} = \frac{\sqrt{z_e^2 \cdot \sin^2\alpha_0 + 4 \cdot z_e + 4} - \sqrt{z_i^2 \cdot \sin^2\alpha_0 - 4 \cdot z_i + 4} + (z_i - z_e) \cdot \sin\alpha_0}{2 \cdot \pi \cdot \cos\alpha_0} \qquad (32)$$

1.3.5. Concluzii

Randamentele cele mai mari se obţin cu angrenările interioare la care roata conducătoare este coroana dinţată (inelul); randamentele cele mai mici se obţin tot cu angrenările interioare, atunci când roata conducătoare este cea cu dantură exterioară. La angrenările exterioare, randamentele sunt mai mari atunci când roata mai mare este conducătoare. Dacă scădem valoarea unghiului normal de angrenare α_0, *creşte atât gradul de acoperire cât şi randamentul mecanic al angrenării respective, de orice tip ar fi ea.*

1.3.6. Calculul randamentului mecamic pentru angrenajele cu dantură înclinată

Randamentul mecanic la dantura înclinată (ca dealtfel orice parametru de la angrenajele cu dantură înclinată) se poate calcula utilizând relaţiile de la dantura dreaptă, cu minimile modificări necesare, şi anume de a trece în formule numerele de dinţi împărţite la $\cos\beta$ (pentru a lucra cu angrenajul echivalent din secţiunea normală), iar în locul tangentei $tg\alpha_0$ se va trece $tg\alpha_t$.

Se obţin astfel din relaţiile (30-32) relaţiile (33-35) care au un caracter mai general.

$$\eta_m = \frac{z_1^2 \cdot \cos^2\beta}{z_1^2 \cdot (tg^2\alpha_t + \cos^2\beta) + \frac{2}{3}\cdot\pi^2\cdot\cos^4\beta\cdot(\varepsilon-1)\cdot(2\cdot\varepsilon-1)\pm 2\cdot\pi\cdot tg\alpha_t\cdot z_1\cdot\cos^2\beta\cdot(\varepsilon-1)} \tag{33}$$

$$\varepsilon^{a.e.} = \frac{1+tg^2\beta}{2\cdot\pi}\cdot$$
$$\cdot\left\{\sqrt{[(z_1+2\cdot\cos\beta)\cdot tg\alpha_t]^2 + 4\cdot\cos^3\beta\cdot(z_1+\cos\beta)} + \right.$$
$$+ \sqrt{[(z_2+2\cdot\cos\beta)\cdot tg\alpha_t]^2 + 4\cdot\cos^3\beta\cdot(z_2+\cos\beta)} - $$
$$\left. -(z_1+z_2)\cdot tg\alpha_t\right\} \tag{34}$$

$$\varepsilon^{a.i.} = \frac{1+tg^2\beta}{2\cdot\pi}\cdot$$
$$\cdot\left\{\sqrt{[(z_e+2\cdot\cos\beta)\cdot tg\alpha_t]^2 + 4\cdot\cos^3\beta\cdot(z_e+\cos\beta)} - \right.$$
$$-\sqrt{[(z_i-2\cdot\cos\beta)\cdot tg\alpha_t]^2 - 4\cdot\cos^3\beta\cdot(z_i-\cos\beta)} - $$
$$\left. -(z_e-z_i)\cdot tg\alpha_t\right\} \tag{35}$$

1.4. DINAMICA ANGRENAJELOR

LEGEA FUNDAMENTALĂ A ANGRENĂRII

Legea fundamentală a angrenării postulează faptul că:

„normala comună la cele două profile aflate în contact trebuie să treacă în permanenţă printr-un punct fix".

Acest punct fix este punctul C, şi reprezintă pe lângă punctul de tangenţă dintre cele două cercuri de rostogolire, şi centrul instantaneu de rotaţie (CIR=I).

Consecinţa imediată a legii fundamentale a angrenării este constanţa vitezei unghiulare a elementului 2 de ieşire. Faptul că cinematic viteza unghiulară la ieşire este permanent constantă reprezintă unul din marile avantaje ale angrenărilor cu roţi dinţate (alături şi de cel al realizării de randamente foarte ridicate).

Acest avantaj cinematic nu este însă chiar atât de riguros respectat şi în funcţionarea reală a angrenajelor, adică în funcţionarea lor dinamică, unde vitezele unghiulare nu numai pe elementul doi de ieşire ci şi pe elementul 1 de intrare, sunt variabile în permanenţă.

Prezentarea unui „Model dinamic original"
utilizat la studiul angrenajelor cu axe paralele

Aproape toate modelele dinamice studiate referitoare la angrenajele cu axe paralele, se bazează pe modelele mecanice clasice (cunoscute) care studiază vibraţiile

32

torsionale ale arborilor angrenajului şi determină pulsaţiile proprii şi deformaţiile torsionale ale arborilor; sigur că sunt foarte utile, dar nu tratează efectiv cupla formată din cei doi dinţi în angrenare (sau mai multe perechi de dinţi în angrenare), adică nu tratează fiziologia propriuzisă a mecanismului cu roţi dinţate pentru a vedea care sunt fenomenele dinamice ce au loc în cupla superioară plană; Tocmai acest lucru încearcă să-l facă prezentul paragraf.

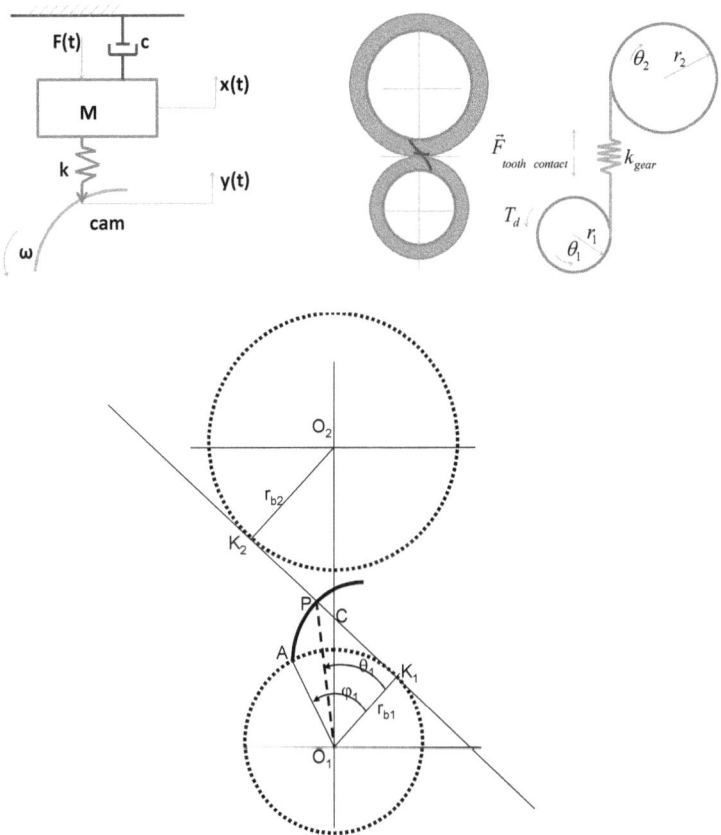

Fig. 1. *Model dinamic; unghiurile caracteristice poziţiei unui dinte al roţii conducătoare, aflat în angrenare*

În figura 1 jos, este prezentat un dinte al roţii 1 conducătoare, aflat în angrenare într-o poziţie oarecare pe segmentul de angrenare K_1K_2.

El este caracterizat de unghiurile θ_1 şi φ_1, primul arătând poziţia vectorului O_1P (vectorul de contact) în raport cu vectorul fix O_1K_1, iar al doilea arătând cu cât s-a rotit dintele (roata conducătoare 1) în raport cu O_1K_1.

Între cele două unghiuri există relaţiile de legătură 1.

$$\varphi_1 = tg\,\theta_1$$
$$\theta_1 = arctg\,\varphi_1 \tag{1}$$

Deoarece φ_1 este suma dintre unghiurile θ_1 şi γ_1, unde unghiul γ_1 reprezintă funcţia cunoscută $inv\theta_1$:

$$\varphi_1 = \theta_1 + \gamma_1 = \theta_1 + inv\,\theta_1 = \theta_1 + (tg\,\theta_1 - \theta_1) = tg\,\theta_1 \tag{2}$$

Relaţiile (1) se derivează şi obţinem relaţiile (3).

$$\dot{\varphi}_1 = (1 + tg^2\theta_1) \cdot \dot{\theta}_1 = (1 + \varphi_1^2) \cdot \dot{\theta}_1$$
$$\dot{\theta}_1 = \frac{\dot{\varphi}_1}{1 + \varphi_1^2} = D_1 \cdot \omega_1 ; D_1 = \frac{1}{1 + \varphi_1^2} = \frac{1}{1 + tg^2\theta_1} \tag{3}$$
$$\ddot{\theta}_1 = \dot{D}_1 \cdot \omega_1 = D_1' \cdot \omega_1^2 ; D_1' = \frac{-2 \cdot \varphi_1}{(1 + \varphi_1^2)^2} = \frac{-2 \cdot tg\,\theta_1}{(1 + tg^2\theta_1)^2}$$

Modelul dinamic luat în considerare este similar celui de la mecanismele cu camă şi tachet deoarece mecanismele cu roţi dinţate sunt similare celor cu came; practic roata dinţată este o camă multiplă, fiecare dinte fiind o camă, prezentând numai faza de ridicare. Forţele şi J* (M*) se modifică, deci şi ecuaţia de mişcare va căpăta un alt aspect.

Contactul dintre cei doi dinţi este practic contactul dintre o camă de rotaţie şi un tachet balansier (tot de rotaţie).

Similar deci modelelor cu came se va determina cinematica de precizie (dinamică) la cupla superioară cu angrenaje cu axe paralele. Vectorul care se impune pe roata 1 conducătoare (la cinematica dinamică), este vectorul de contact O_1P, unghiul său de poziţie fiind θ_1, iar viteza sa unghiulară $\dot{\theta}_1$. La roata 2, condusă, se transmite viteza v_2 (vezi relaţia 4 şi schema cinematică din figura 1).

$$v_2 = -v_1 \cdot \cos\theta_1 = -r_{p1} \cdot \dot{\theta}_1 \cdot \cos\theta_1 = -r_{b1} \cdot \dot{\theta}_1 = -r_{b1} \cdot D_1 \cdot \omega_1$$

$$dar: v_2 = r_{b2} \cdot \omega_2 => \omega_2 = -\frac{r_{b1}}{r_{b2}} \cdot D_1 \cdot \omega_1 \tag{4}$$

Prin derivare se calculează şi acceleraţia unghiulară (de precizie), la roata 2 (5), iar prin integrare deplasarea roţii 2 (6):

$$\varepsilon_2 = -\frac{r_{b1}}{r_{b2}} \cdot D_1^{'} \cdot \omega_1^2 \tag{5}$$

$$\varphi_2 = -\frac{r_{b1}}{r_{b2}} \cdot arctg(\varphi_1) = -\frac{r_{b1}}{r_{b2}} \cdot \theta_1 \tag{6}$$

Forţa redusă (motoare şi rezistentă) la roata 1, conducătoare, este egală cu forţa elastică din cuplă (atâta timp cât la roata condusă 2 nu mai intervine şi o forţă rezistentă tehnologică suplimentară) şi se scrie sub forma (7).

$$F^* = K \cdot (r_{b1} \cdot \varphi_1 - r_{b2} \cdot \varphi_2) =$$

$$= K \cdot (r_{b1} \cdot \varphi_1 - r_{b2} \cdot \frac{r_{b1}}{r_{b2}} \cdot \theta_1) = \qquad (7)$$

$$= K \cdot r_{b1} \cdot (tg\theta_1 - \theta_1)$$

Semnul minus a fost luat odată, astfel încât φ_2 se înlocuieşte doar în modul, în expresia 7, iar K reprezintă constanta elastică a dinţilor în angrenare, şi se măsoară în [N/m].

Ecuaţia dinamică de mişcare se scrie:

$$M^* \cdot \ddot{x} + \frac{1}{2} \cdot \frac{dM^*}{dt} \cdot \dot{x} = F^* \qquad (8)$$

Masa redusă, M^*, se determină cu relaţia (9):

$$M^* = (J_1 + \frac{1}{i^2} \cdot J_2) \cdot \frac{1}{r_{p1}^2} = (J_1 + \frac{1}{i^2} \cdot J_2) \cdot \frac{\cos^2 \theta_1}{r_{b1}^2} =$$

$$= \frac{J_1 + \frac{1}{i^2} \cdot J_2}{r_{b1}^2} \cdot \cos^2 \theta_1 = C_M \cdot \cos^2 \theta_1; C_M = \frac{J_1 + \frac{1}{i^2} \cdot J_2}{r_{b1}^2} \qquad (9)$$

Unde, J_1 şi J_2 reprezintă momentele de inerţie (masice, mecanice), reduse la roata 1, iar i este modulul raportului de transmitere de la roata 1 la roata 2 (vezi relaţia 10):

$$i = \frac{r_{b2}}{r_{b1}} = -\frac{\omega_1}{\omega_2} \qquad (10)$$

Deplasarea x a roţii 2 pe segmentul de angrenare, se scrie:

$$x = r_{b2} \cdot \varphi_2 = r_{b2} \cdot -\frac{r_{b1}}{r_{b2}} \cdot arctg\,\varphi_1 = -r_{b1} \cdot arctg\,\varphi_1 = -r_{b1} \cdot \theta_1 \qquad (11)$$

Viteza şi acceleraţia corespunzătoare se scriu:

$$\dot{x} = -r_{b1} \cdot \dot{\theta}_1 = -r_{b1} \cdot \frac{1}{1+tg^2\theta_1} \cdot \omega_1 \qquad (12)$$

$$\ddot{x} = -r_{b1} \cdot \ddot{\theta}_1 = -r_{b1} \cdot \frac{-2 \cdot tg\theta_1}{(1+tg^2\theta_1)^2} \cdot \omega_1^2 = 2 \cdot r_{b1} \cdot \frac{tg\theta_1}{(1+tg^2\theta_1)^2} \cdot \omega_1^2 \qquad (13)$$

Se derivează masa redusă în raport cu timpul şi rezultă expresia (14):

$$\frac{dM^*}{dt} = -2 \cdot C_M \cdot \frac{\cos\theta_1 \cdot \sin\theta_1}{1+tg^2\theta_1} \cdot \omega_1 \qquad (14)$$

Ecuaţia de mişcare (8) ia acum forma (15), care se poate aranja şi sub forma (16):

$$3 \cdot C_M \cdot r_{b1} \cdot \frac{tg\theta_1}{(1+tg^2\theta_1)^3} \cdot \omega_1^2 = K \cdot r_{b1} \cdot (tg\theta_1 - \theta_1) \qquad (15)$$

$$\theta_1^d \equiv \theta_1 = tg\theta_1 - \frac{3 \cdot C_M \cdot tg\theta_1 \cdot \omega_1^2}{K \cdot (1+tg^2\theta_1)^3} =$$

$$= tg\theta_1 \cdot [1 - \frac{3 \cdot (J_1 + \frac{r_{b1}^2}{r_{b2}^2} \cdot J_2) \cdot \omega_1^2}{r_{b1}^2 \cdot K \cdot (1+tg^2\theta_1)^3}] \qquad (16)$$

Expresia (16) reprezintă soluţia ecuaţiei de mişcare a cuplei superioare; pentru un unghi de rotaţie al roţii 1, φ_1, cunoscut, căruia îi corespunde un unghi de presiune θ_1, cunoscut, expresia (16) generează un unghi de presiune dinamic, θ_1^d.

În condiţiile în care constanta de elasticitate a dinţilor în contact, K, este suficient de mare, dacă raza cercului de bază a roţii 1 nu scade prea mult (z_1 să fie mai mare de 15-20), pentru turaţii normale sau chiar ridicate (dar nu foarte mari), raportul din paranteza expresiei 16 rămâne subunitar şi chiar mult mai mic decât 1, astfel încât expresia 16 se poate aproxima firesc la forma (17):

$$\theta_1^d = tg\,\theta_1 = \varphi_1^c \equiv \varphi_1 \qquad (17)$$

Acum se poate determina viteza unghiulară instantanee a roţii 1 conducătoare (relaţia 19):

$$\frac{\Delta\omega_1}{\omega_m} = \frac{\Delta\varphi_1}{\varphi_1} \Rightarrow$$

$$\Delta\omega_1 = \frac{\Delta\varphi_1}{\varphi_1} \cdot \omega_m = \frac{\varphi_1^d - \varphi_1}{\varphi_1} \cdot \omega_m = \frac{tg(\theta_1^d) - \varphi_1}{\varphi_1} \cdot \omega_m = \qquad (18)$$

$$= \frac{tg(\varphi_1) - \varphi_1}{\varphi_1} \cdot \omega_m = \frac{inv\,\varphi_1}{\varphi_1} \cdot \omega_m$$

$$\omega_1 = \omega_m + \Delta\omega_1 = (1 + \frac{inv\,\varphi_1}{\varphi_1}) \cdot \omega_m =$$

$$= \frac{tg(\varphi_1)}{\varphi_1} \cdot \omega_m = \frac{tg(tg\,\theta_1)}{tg\,\theta_1} \cdot \omega_m = R_{d1} \cdot \omega_m \qquad (19)$$

Se defineşte ***coeficientul dinamic, R_{d1},*** ca fiind raportul între tangentă de fi1 şi unghiul fi1, sau raportul $\dfrac{tg(tg\theta_1)}{tg\theta_1}$, relaţia 20:

$$R_{d1} = \frac{tg(tg\theta_1)}{tg\theta_1} \qquad (20)$$

Sinteza dinamică a angrenajelor cu axe paralele se poate face ţinând cont de relaţia (20).

Necesitatea obţinerii unui coeficient dinamic cât mai scăzut (cât mai apropiat de valoarea 1), impune limitarea unghiului de presiune maxim, θ_{1M} şi a celui normal, α_0, cât şi creşterea numărului minim de dinţi al roţii conducătoare, 1, z_{1min}.

În tabelul 1 sunt prezentate câteva valori ale coeficientului dinamic R_{d1} în funcţie de unghiul de presiune normal şi de numărul minim de dinţi al roţii 1 conducătoare;

Valoarea unghiului de presiune normal (standardizată) trebuie scăzută pentru a atinge coeficienţi dinamici apropiaţi de valoarea unitară;

În acelaşi timp trebuie mărit numărul minim de dinţi al roţii 1 conducătoare.

α_0 [grad]	z_{1min} []	θ_{1M} [grad]	R_{d1} []
20	20	31,321	1,145
	25	29,531	1,123
	60	24,580	1,076
	100	22,888	1,064
	z_{1min} []	θ_{1M} [grad]	R_{d1} []
10	20	26,456	1,092
	25	24,236	1,074
	60	17,629	1,035
	100	15,094	1,025
	z_{1min} []	θ_{1M} [grad]	R_{d1} []
5	20	25,092	1,080
	25	22,720	1,063
	60	15,408	1,026
	100	12,403	1,016

Dinamica la roata 2, a angrenajului; Pentru roata 2 condusă putem scrie următoarele relaţii (cu c-cinematic, cp-cinematica de precizie, d-dinamic):

$$\varphi_2^c = -\frac{r_{b1}}{r_{b2}} \cdot \varphi_1 \qquad (21)$$

$$\omega_2^c = -\frac{r_{b1}}{r_{b2}} \cdot \omega_1 \qquad (22)$$

$$\varepsilon_2^c = -\frac{r_{b1}}{r_{b2}} \cdot \varepsilon_1 = 0 \tag{23}$$

$$\varphi_2^{cp} = -\frac{r_{b1}}{r_{b2}} \cdot arctg\,\varphi_1 = -\frac{r_{b1}}{r_{b2}} \cdot \theta_1 \tag{24}$$

$$\omega_2^{cp} = -\frac{r_{b1}}{r_{b2}} \cdot \frac{1}{1+\varphi_1^2} \cdot \omega_1 = -\frac{r_{b1}}{r_{b2}} \cdot \frac{1}{1+tg^2\theta_1} \cdot \omega_1 \tag{25}$$

$$\varepsilon_2^{cp} = -\frac{r_{b1}}{r_{b2}} \cdot \frac{-2 \cdot \varphi_1}{(1+\varphi_1^2)^2} \cdot \omega_1^2 = -\frac{r_{b1}}{r_{b2}} \cdot \frac{-2 \cdot tg\,\theta_1}{(1+tg^2\theta_1)^2} \cdot \omega_1^2 \tag{26}$$

$$\varphi_2^d = -\frac{r_{b1}}{r_{b2}} \cdot \int \frac{tg\,\varphi_1}{\varphi_1 + \varphi_1^3} d\varphi_1 \tag{27}$$

$$\omega_2^d = -\frac{r_{b1}}{r_{b2}} \cdot \frac{1}{1+\varphi_1^2} \cdot \frac{tg\,\varphi_1}{\varphi_1} \cdot \omega_1 = -\frac{r_{b1}}{r_{b2}} \cdot \frac{1}{1+tg^2\theta_1} \cdot \frac{tg(tg\,\theta_1)}{tg\,\theta_1} \cdot \omega_1 \tag{28}$$

$$\varepsilon_2^d = -\frac{r_{b1}}{r_{b2}} \cdot \frac{(1+tg^2\varphi_1) \cdot (\varphi_1 + \varphi_1^3) - tg\,\varphi_1 \cdot (1+3\cdot\varphi_1^2)}{(\varphi_1 + \varphi_1^3)^2} \cdot \omega_1^2 \tag{29}$$

Cu:

$$\varphi_{1m} = tg\,\theta_{1m} = \frac{(z_1 + z_2) \cdot \sin\alpha_0 - \sqrt{z_2^2 \cdot \sin^2\alpha_0 + 4 \cdot z_2 + 4}}{z_1 \cdot \cos\alpha_0} \tag{30}$$

$$\varphi_{1M} = tg\,\theta_{1M} = \frac{\sqrt{z_1^2 \cdot \sin^2 \alpha_0 + 4 \cdot z_1 + 4}}{z_1 \cdot \cos \alpha_0} \qquad (31)$$

Dinamica la roata 2 (condusă), se calculează cu relaţiile (27-31).

Se poate defini şi pentru roata 2 un coeficient dinamic R_{d2}, (a se vedea relaţiile 28 şi 32):

$$R_{d2} = \frac{1}{1+\varphi_1^2} \cdot \frac{tg\,\varphi_1}{\varphi_1} = \frac{1}{1+tg^2\,\theta_1} \cdot \frac{tg(tg\,\theta_1)}{tg\,\theta_1} \qquad (32)$$

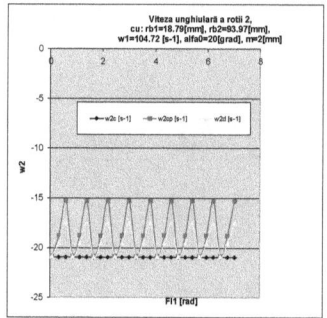

Fig. 12. *Dinamica la roata 2; variaţia vitezei unghiulare cinematice, în cinematica de precizie, a roţii 2, conduse, în funcţie de unghiul FI1*

Reprezentarea vitezei unghiulare, ω_2, în funcţie de unghiul φ_1, pentru r_{b1} şi r_{b2} date (z_1, z_2, m şi α_0 impuse), şi pentru o anumită valoare a vitezei unghiulare de intrare, constantă (impusă de turaţia arborelui pe care este montată roata conducătoare 1), se poate urmări în figurile 12-14; Se observă aspectul de vibraţie al vitezei unghiulare dinamice, ω_2; se porneşte cu raze diferite şi unghiul normal de 20 grade, apoi se continuă cu raze egale şi alfa0 tot 20 grade, iar în ultima diagramă rămânem pe raze egale şi se scade alfa0 la 5 grade.

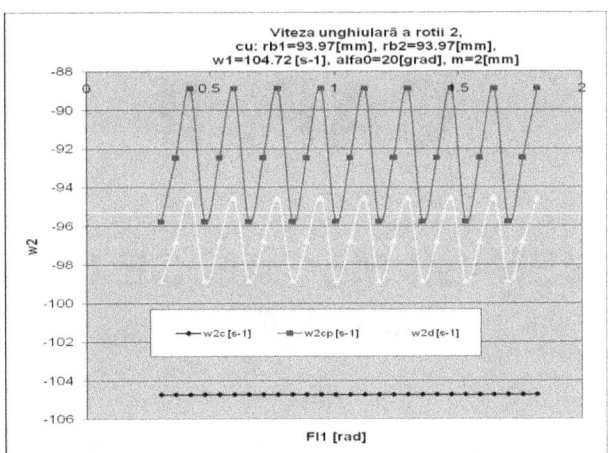

Fig. 13. *Dinamica la roata 2; variaţia vitezei unghiulare cinematice, în cinematica de precizie şi dinamice, a roţii 2, conduse, în funcţie de unghiul Fl1*

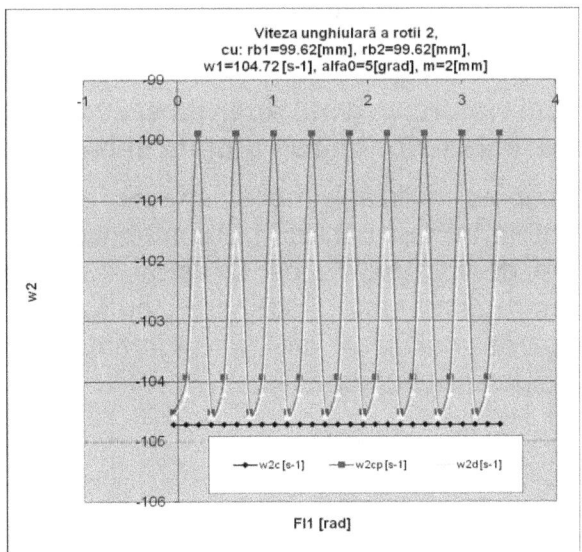

Fig. 14. *Dinamica la roata 2; variaţia vitezei unghiulare cinematice, în cinematica de precizie şi dinamice, a roţii 2, conduse, în funcţie de unghiul Fl1*

CAP. II

TRANSMISII MECANICE CU AXE FIXE

Transmisiile mecanice cu axe fixe au astăzi cea mai largă răspândire pe întreaga planetă, fiind practic utilizate în aproape toate domeniile. De la cutiile de viteze ale vehiculelor, la reductoarele staţionare, utilizate la aparatura electrocasnică, electronică şi electrotehnică, în industria grea dar şi în cea uşoară, în energetică şi în transporturi, practic transmisiile cu axe fixe se întâlnesc astăzi pretutindeni, făcând parte din viaţa noastră cotidiană.

- **Scurt istoric privind apariţia şi evoluţia mecanismelor cu roţi dinţate şi bare**

  Începutul utilizării mecanismelor cu bare şi roţi dinţate trebuie căutat în Egiptul antic cu cel puţin o mie de ani înainte de Christos. Aici s-au utilizat, pentru prima dată, transmisiile cu roţi „pintenate" la irigarea culturilor cât şi angrenajele melcate la prelucrarea bumbacului.

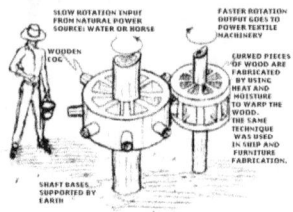

Astfel de angrenaje au fost construite şi utilizate din cele mai vechi timpuri, la început pentru ridicarea ancorelor grele ale navelor cât şi pentru pretensionarea catapultelor folosite pe câmpurile de luptă. Apoi au fost introduse la maşinile cu vânt şi cu apă (pe post de reductoare sau multiplicatoare la pompe, mori de vânt, sau cu apă).

Cu 230 de ani î.Ch., în oraşul Alexandria din Egipt, se folosea roata cu mai multe pârghii şi angrenajul cu cremalieră.

Transmiterea mişcării cu ajutorul angrenajelor cu roţi dinţate a cunoscut un progres substanţial începând cu anul 1364 d.Ch., când meşterul italian Giovani da Dondi a realizat un orologiu astronomic, în a cărui componenţă se aflau angrenaje interioare şi roţi dinţate eliptice.

Primele transmisii reglabile cu roţi dinţate au fost folosite în 1769 de către Cugnot la echiparea primului autovehicul propulsat de un motor cu abur.

Primul inginer (om de ştiinţă), care proiectează efectiv astfel de transmisii, este considerat a fi meşterul italian Leonardo da Vinci (secolul al XV-lea).

Motorul Benz (în stânga) avea transmisii cu angrenaje cu roţi dinţate dar şi cu roţi dinţate cu lanţ (patentate după anul 1882). În dreapta se poate vedea schiţa unui prim patent de transmisii cu roţi dinţate (angrenaje cu roţi dinţate) şi cu roţi dinţate cu lanţ realizate în anul 1870 de britanicii **Starley & Hillman.**

 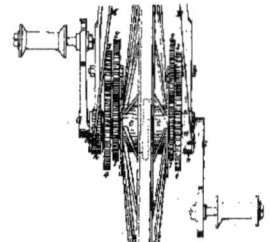

După 1912, în Cleveland (USA), încep să se producă industrial, roţi şi angrenaje specializate (cilindrice, melcate, conice, cu dantură dreaptă, înclinată sau curbă).

Cele mai vechi mecanisme cu roţi dinţate care s-au conservat A-mecanism cu clichet; B-mecanism cu şurub melc şi roată melcată; C-pendul; E-Mecanism planetar.

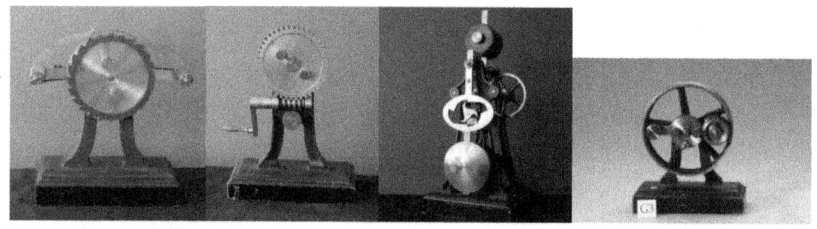

Rotile dintate astãzi

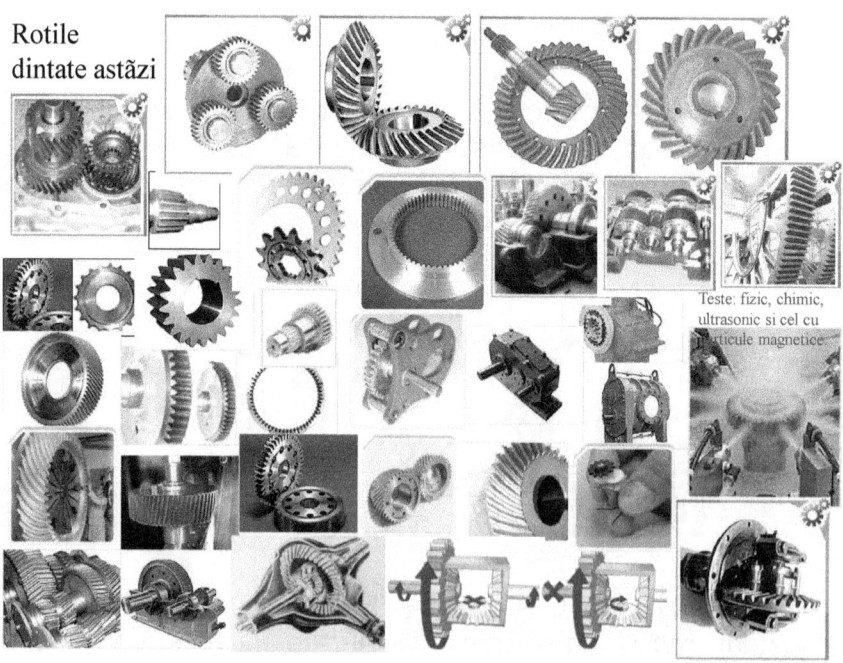

Teste: fizic, chimic, ultrasonic si cel cu particule magnetice

Roti dintate si angrenaje pentru utilaje grele (pt. industria grea).

Reductoare cu roti dintate specializate, folosite în:

Industria Aerospatială | Industria Agricolă | Industria Auto | Industria Cimentului | Industria Navală

Industria Minieră | Industria Petrochimică | Industria Siderurgică | Industria Zahărului | Industria de Reciclare a Materialelor

Industria Energetică | Industria Hârtiei | Transmisii pt Tren si Metrou

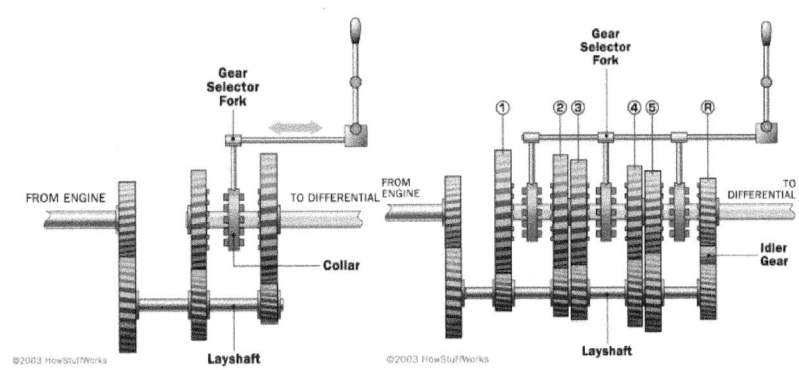

Câteva domenii de utilizare a angrenajelor cu roti dintate.

Cutiile de viteze (schimbătoarele de viteze) cu axe fixe au cea mai largă răspândire pe toate tipurile de vehicule.

Reductoare (de turaţie) cu roţi dinţate

Reductoarele cu roţi dinţate sunt mecanisme independente formate din roţi dinţate cu angrenare permanentă, montate pe arbori şi închise într-o carcasă etanşă. Ele servesc la:

☐ micşorarea turaţiei;

☐ creşterea momentului transmis;

☐ modificarea sensului de rotaţie sau a planului de mişcare;

☐ însumează fluxul de putere de la mai multe motoare către o maşină de lucru;

☐ distribuie fluxul de putere de la un motor către mai multe maşini de lucru.

În cazul reductoarelor de turaţie, roţile dinţate sunt montate fix pe arbori, angrenează permanent şi realizează un raport de transmitere total fix, definit ca raportul dintre turaţia la intrare şi turaţia la ieşirea reductorului, spre deosebire de cutiile de viteze la care unele roţi sunt mobile pe arbori (roţi baladoare), angrenează intermitent şi realizează un raport de transmitere total în trepte. Ele se deosebesc şi de variatoarele de turaţie cu roţi dinţate (utilizate mai rar) la care raportul de transmitere total poate fi variat continuu.

Reductoarele de turaţie cu roţi dinţate se utilizează în toate domeniile construcţiilor de maşini.

Există o mare varietate constructivă a reductoarelor de turaţie. Ele se clasifică în funcţie de următoarele criterii:

1. *după raportul de transmitere*:

☐ reductoare cu o treaptă de reducere a turaţiei;

☐ reductoare cu două, sau mai multe trepte de reducere a turaţiei.

2. *după poziţia relativă a arborelui de intrare (motor) şi a arborelui de ieşire*:

☐ reductoare coaxiale (cu revenire), la care arborele de intrare este coaxial cu cel de ieşire;

☐ reductoare paralele, la care arborele de intrare şi cel de ieşire sunt paralele.

3.   *după poziţia arborilor.*

☐   reductoare cu axe orizontale;

☐   reductoare cu axe verticale;

☐   reductoare cu axe înclinate.

4.   *după tipul angrenajelor.*

☐   reductoare cilindrice;

☐   reductoare conice;

☐   reductoare hipoide;

☐   reductoare melcate;

☐   reductoare combinate (cilindro-conice, cilindro-melcate etc);

☐   reductoare planetere.

5.   *după tipul axelor.*

☐   reductoare cu axe fixe;

☐   reductoare cu axe mobile.

Dacă reductorul împreună cu motorul constituie un singur agregat (motorul este motat direct la arborele de intrare printr-o flanşă) atunci unitatea se numeşte *motoreductor.*

În multe soluţii constructive reductoarele de turaţie cu roţi dinţate se utilizează în scheme cinematice alături de alte tipuri de transmisii: prin curele, prin lanţuri, cu fricţiune, cu şurub-piuliţă, variatoare, cutii de viteză, etc.

Avantajele utilizării reductoarelor în schemele cinematice ale maşinilor şi mecanismelor sunt:

☐   raport de transmitere constant;

☐   asigură o mare gamă de puteri;

☐   gabarit relativ redus;

☐   randament mare (cu excepţia reductoarelor melcate);

☐   întreţinere simplă şi ieftină.

Printre dezavantaje se enumeră:

☐ preţ de cost ridicat;

☐ necesitatea unei uzinări şi montări de precizie;

☐ funcţionarea lor este însoţită de zgomote şi vibraţii.

Parametrii principali ai unui reductor cu roţi dinţate sunt:

☐ puterea nominală;

☐ raportul de transmitere realizat;

☐ turaţia arborelui de intrare;

☐ distanţa dintre axe (standardizată).

Datorită multiplelor utilizări în industria construcţiilor de maşini şi la diverse aparate, parametrii reductoarelor de turaţie cu roţi dinţate sunt standardizaţi.

Alegerea tipului de reductor într-o schemă cinematică se face în funcţie de:

☐ raportul de transmitere necesar;

☐ puterea nominală necesară;

☐ sarcina medie necesară;

☐ turaţia medie de lucru solicitată;

☐ gabaritul disponibil;

☐ poziţia relativă a axelor motorului şi a organului (maşinii) de lucru;

☐ randamentul global al schemei cinematice.

În funcţie de aceste cerinţe se pot utililiza următoarele tipuri de reductoare cu roţi dinţate: cilindrice, conice, conico-cilindrice, melcate, cilindro-melcate, planetare.

Reductoare cu roţi dinţate cilindrice. Acestea sunt cele mai utilizate tipuri de reductoare cu roţi dinţate deoarece:

☐ se produc într-o gamă largă de puteri: de la puteri instalate foarte mici (de ordinul Waţilor) până la *900000 W (900 kW)*;

- rapoarte de transmitere totale, $i_{T\,max} = 200$ ($i_{T\,max}$ = 6,3, pentru reductoare cu o treapta; $i_T = 60$, pentru reductoare cu 2 treapte, $i_T = 200$, pentru reductoare cu 3 treapte);

- viteze periferice mari, $v_{max} = 200$ m/s;

- posibilitatea tipizării şi execuţiei tipizate sau standardizate.

Se construiesc în variante cu 1, 2 şi 3 trepte de reducere, având dantura dreaptă sau înclinată. Notaţiile din figură sunt:

- intrarea în reductor, cu litera I;

- ieşirea din reductor, cu litera E;

- cifrele 1, 2, 3, 4, 5, 6, reprezintă roţile ce compun angrenajele treptelor de reducere.

Din punct de vedere al înclinării danturii, la alegerea tipului de reductor cu roţi dinţate cilindrice se ţine seama de următoarele recomandări:

- reductoarele cu roţi dinţate cilindrice drepte, pentru puteri instalate mici şi mijlocii, viteze periferice mici şi mijlocii şi la roţile baladoare de la cutiile de viteze;

- reductoarele cu roţi dinţate cilindrice înclinate, pentru puteri instalate mici şi mijlocii, viteze periferice mari, angrenaje silenţioase;

- reductoarele cu roţi dinţate cilindrice cu dantura în V, pentru puteri instalate mari, şi viteze periferice mici.

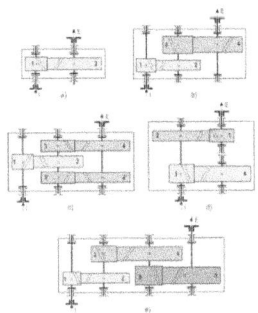

Scheme cinematice pentru reductoarele cu roţi dinţate cilindrice

Reductor de turaţie cilindric produs de SC Neptun din Câmpina (motoreductoare)

• putere de la 0,06 kw la 37 Kw
• momentul maxim 1800 Nm
• raport maxim 100
• 9 marimi

CAP. III

ANGRENAJE CU AXE MOBILE (SINTEZA SISTEMELOR PLANETARE)

3.1. Sinteza cinematică

Sinteza mecanismelor planetare clasice se face de regulă pe baza relaţiilor cinematice, ţinând cont în principal de raportul de transmitere intrare-ieşire realizat. Cel mai utilizat model de mecanism planetar diferenţial este cel prezentat în figura 1.

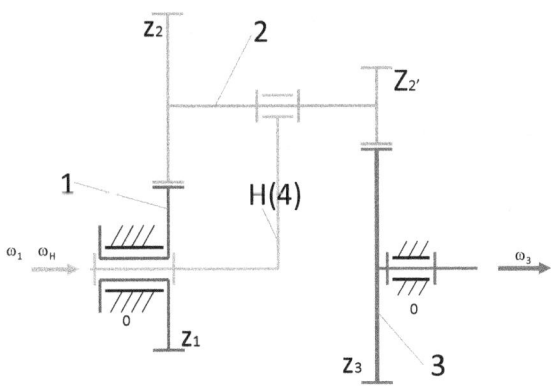

Fig. 1. *Schema cinematică a unui planetar diferenţial (M=2)*

Pentru ca acest mecanism să aibă un singur grad de mobilitate, rămânând desmodrom în utilizările cu o acţionare unică şi o ieşire unică, este necesară reducerea gradului de mobilitate al mecanismului de la doi la unu, fapt ce se poate obţine prin cuplările în serie sau în paralel a două sau mai multe planetare, prin legarea cu angrenaje cu axe fixe, sau cel mai simplu prin rigidizarea unui element mobil; a elementului 1 la acest model (caz în care roata 1 se identifică cu batiul 0; fig. 2).

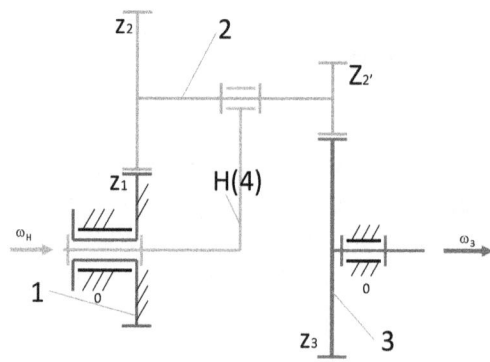

Fig. 2. *Schema cinematică a unui planetar simplu (M=1)*

Intrarea se face la planetarul simplu din figura 2 prin braţul portsatelit, H, iar ieşirea se realizează prin elementul cinematic mobil 3 (roata 3). Raportul cinematic intrare-ieşire (H-3), se scrie direct (relaţia 1).

$$i_{H3}^{1} = \frac{1}{i_{3H}^{1}} = \frac{1}{1 - i_{31}^{H}} = \frac{1}{1 - \dfrac{1}{i_{13}^{H}}} \tag{1}$$

Unde i_{13}^H reprezintă raportul de transmitere intrare ieşire corespunzător mecanismului cu axe fixe (atunci când braţul portsatelit H stă pe loc), şi se determină în funcţie de schema cinematică a mecanismului planetar utilizat; pentru modelul din figura 2 el se determină cu relaţia 2, fiind o funcţie de numerele de dinţi ale roţilor 1, 2, 2', 3.

$$i_{13}^H = \frac{z_2}{z_1} \cdot \frac{z_3}{z_{2'}} \qquad (2)$$

Se obijnuieşte să se determine formula 1 prin scrierea relaţiei Willis (1'):

$$
\begin{cases}
i_{13}^H = \dfrac{\omega_1 - \omega_H}{\omega_3 - \omega_H} \equiv \dfrac{z_2}{z_1} \cdot \dfrac{z_3}{z_{2'}} \\[4mm]
\dfrac{z_2}{z_1} \cdot \dfrac{z_3}{z_{2'}} = \dfrac{\dfrac{\omega_1}{\omega_H} - \dfrac{\omega_H}{\omega_H}}{\dfrac{\omega_3}{\omega_H} - \dfrac{\omega_H}{\omega_H}} \\[4mm]
i_{13}^H = \dfrac{z_2 \cdot z_3}{z_1 \cdot z_{2'}} = \dfrac{0-1}{\dfrac{\omega_3}{\omega_H} - 1} = \dfrac{1}{1 - i_{3H}} = \dfrac{1}{1 - \dfrac{1}{i_{H3}^1}} \Rightarrow \\[6mm]
\Rightarrow i_{H3}^1 = \dfrac{1}{1 - \dfrac{1}{i_{13}^H}}
\end{cases}
\qquad (1')
$$

Pentru diferitele scheme cinematice planetare prezentate în figura 3, dacă intrarea se face prin braţul portsatelit H, iar ieşirea se realizează prin elementul final f, elementul iniţial i fiind de regulă imobilizat, se vor utiliza pentru calculele cinematice relaţiile 1 şi 2 generalizate; relaţia 1 ia forma generală 3, iar 2 se scrie sub una din formele 4 particularizate pentru fiecare schemă în parte, utilizată; unde i devine 1, iar f ia valoarea 3 sau 4 după caz.

$$i_{Hf}^{i} = \frac{1}{i_{fH}^{i}} = \frac{1}{1 - i_{fi}^{H}} = \frac{1}{1 - \dfrac{1}{i_{if}^{H}}} \qquad (3)$$

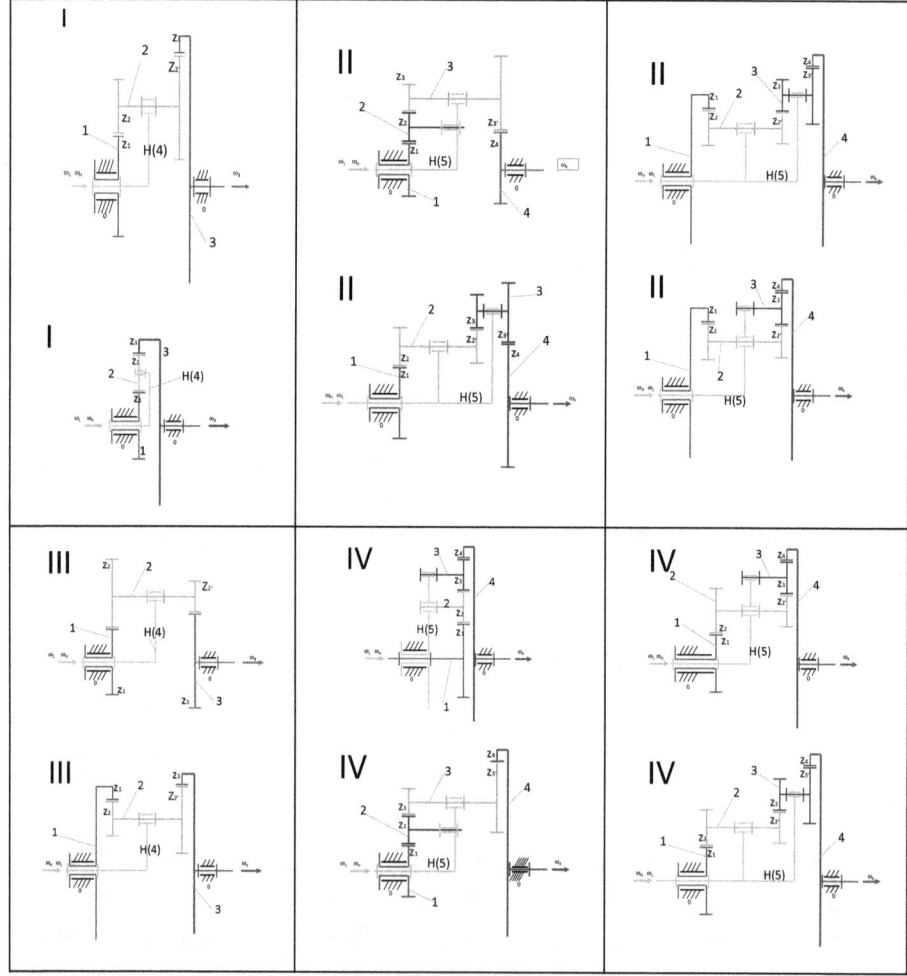

Fig. 3. *Sisteme planetare*

$$
\left\{
\begin{aligned}
i_{13}^{H} &= -\frac{z_2}{z_1} \cdot \frac{z_3}{z_{2'}} && \text{\textit{pentru I de sus}} \\[2mm]
i_{13}^{H} &= -\frac{z_3}{z_1} && \text{\textit{pentru I de jos}} \\[2mm]
i_{13}^{H} &= \frac{z_2}{z_1} \cdot \frac{z_3}{z_{2'}} && \text{\textit{pentru III de sus}} \\[2mm]
i_{13}^{H} &= \frac{z_2}{z_1} \cdot \frac{z_3}{z_{2'}} && \text{\textit{pentru III de jos}} \\[2mm]
i_{14}^{H} &= -\frac{z_3}{z_1} \cdot \frac{z_4}{z_{3'}} && \text{\textit{pentru II stânga sus}} \\[2mm]
i_{14}^{H} &= -\frac{z_2}{z_1} \cdot \frac{z_3}{z_{2'}} \cdot \frac{z_4}{z_{3'}} && \text{\textit{pentru II dreapta sus}} \\[2mm]
i_{14}^{H} &= -\frac{z_2}{z_1} \cdot \frac{z_3}{z_{2'}} \cdot \frac{z_4}{z_{3'}} && \text{\textit{pentru II stânga jos}} \\[2mm]
i_{14}^{H} &= -\frac{z_2}{z_1} \cdot \frac{z_4}{z_{2'}} && \text{\textit{pentru II dreapta jos}} \\[2mm]
i_{14}^{H} &= \frac{z_4}{z_1} && \text{\textit{pentru IV stânga sus}} \\[2mm]
i_{14}^{H} &= \frac{z_2}{z_1} \cdot \frac{z_4}{z_{2'}} && \text{\textit{pentru IV dreapta sus}} \\[2mm]
i_{14}^{H} &= \frac{z_3}{z_1} \cdot \frac{z_4}{z_{3'}} && \text{\textit{pentru IV stânga jos}} \\[2mm]
i_{14}^{H} &= \frac{z_2}{z_1} \cdot \frac{z_3}{z_{2'}} \cdot \frac{z_4}{z_{3'}} && \text{\textit{pentru IV dreapta jos}}
\end{aligned}
\right. \tag{4}
$$

Mult mai rar mecanismele planetare sunt sintetizate şi pe criteriul randamentului lor mecanic realizat în funcţionare, deşi acest criteriu face parte din dinamica reală a mecanismelor, fiind totodată şi criteriul cel mai important din punct de vedere al performanţei unui mecanism.

Dar şi în aceste cazuri se utilizează pentru determinarea randamentului mecanic al planetarului respectiv numai relaţii de calcul aproximative (cele mai răspândite şi recunoscute fiind cele ale şcolii ruseşti de mecanisme), care în cele mai multe situaţii generează calcule eronate promiţând randamente mai mari decât cele reale posibile.

Din această cauză mecanismele planetare în general şi planetarele utilizate la cutiile de viteze automate în particular, au fost mult supraevaluate în cea ce priveşte posibilităţile lor mecanice, crezându-se că ele pot realiza (compact) rapoarte de transmitere foarte mari (mult mai mari decât cele ale angrenajelor cu axe fixe) fără compromiterea randamentului mecanic. Ei bine lucrurile nu stau chiar aşa; pentru trecerea de la angrenajele cu axe fixe la cele cu axe mobile vom avea compactizare, însă rapoartele de transmitere trebuie să fie moderate pentru randamente ridicate, în caz contrar la realizarea unor rapoarte de transmitere foarte mari riscând să utilizăm mecanisme cu randamente foarte mici şi pierderi de putere mecanică foarte mari.

E posibil chiar ca angrenajele cu axe fixe să genereze randamente mult mai ridicate decât cele cu axe mobile, separat de faptul că transmisiile realizate cu axe fixe sunt mai rigide (solide), mai rezistente la deformaţii (a se urmări în figura 4 deformaţiile ce pot apărea la sistemele planetare în funcţionare), şi mult mai rapide în reacţii (au un răspuns mecanic mult mai rapid decât mecanismele cu axe mobile, fapt ce a şi împiedicat multă vreme generalizarea cutiilor de viteze automate pe autovehicule, şi în special pe automobile, ca să nu mai amintim de cele de curse: formula I, etc...). Aşa au apărut şi hibrizii (ca un compromis).

Fig. 4. *Deformaţii la mecanismele planetare*

3.2. Sinteza dinamică, pe baza randamentului realizat

Sinteza mecanismelor planetare, pe criterii dinamice (cea mai importantă), este cea în funcţie de randamentul mecanic (al sistemului sau ansamblului) realizat în funcţionare.

Pentru un sistem planetar obijnuit (fig. 2) randamentul mecanic se determină plecând de la relaţia (5) ce exprimă puterea pierdută P_l în funcţie de puterea la intrare P_H şi cea la ieşire P_3 sau P_4 (generic P_f).

$$
\begin{aligned}
P_l &= P_H - P_3 = M_H \cdot \omega_H - M_3 \cdot \omega_3 = \\
&= (M_3 + M_1) \cdot \omega_H - M_3 \cdot \omega_3 = \\
&= M_3 \cdot \omega_H - M_3 \cdot \omega_3 + M_1 \cdot \omega_H = \\
&= M_3 \cdot (\omega_H - \omega_3) + M_1 \cdot \omega_H
\end{aligned}
\tag{5}
$$

Se cunoaşte relaţia (6) de tip Willis, din care se poate explicita momentul M_1, care se introduce apoi în relaţia (5) şi se obţine formula (7).

$$
\left\{
\begin{aligned}
\eta_{13}^H &= \frac{P_3^H}{P_1^H} = \frac{M_3 \cdot \omega_3^H}{M_1 \cdot \omega_1^H} = \frac{M_3 \cdot (\omega_3 - \omega_H)}{M_1 \cdot (\omega_1 - \omega_H)} = \\
&= \frac{M_3}{M_1} \cdot \frac{\omega_3 - \omega_H}{-\omega_H} = \frac{M_3}{M_1} \cdot \left(1 - \frac{\omega_3}{\omega_H}\right) = \\
&= \frac{M_3}{M_1} \cdot (1 - i_{3H}) = \frac{M_3}{M_1} \cdot \left(1 - i_{3H}^1\right) \Rightarrow \\
&\Rightarrow M_1 = \frac{M_3}{\eta_{13}^H} \cdot \left(1 - i_{3H}^1\right)
\end{aligned}
\right.
\tag{6}
$$

$$
\begin{cases}
P_l = M_3 \cdot (\omega_H - \omega_3) + M_1 \cdot \omega_H = \\[2mm]
= M_3 \cdot (\omega_H - \omega_3) + \dfrac{M_3 \cdot \omega_H}{\eta_{13}^H} \cdot (1 - i_{3H}) = \\[3mm]
= M_3 \cdot \omega_3 \cdot \left(\dfrac{\omega_H}{\omega_3} - 1 \right) + M_3 \cdot \omega_3 \cdot \left(\dfrac{\omega_H}{\omega_3} - 1 \right) \cdot \dfrac{1}{\eta_{13}^H} = \\[3mm]
= M_3 \cdot \omega_3 \cdot \left(\dfrac{\omega_H}{\omega_3} - 1 \right) \cdot \left(1 + \dfrac{1}{\eta_{13}^H} \right) = \\[3mm]
= M_3 \cdot \omega_3 \cdot (i_{H3} - 1) \cdot \dfrac{1 + \eta_{13}^H}{\eta_{13}^H} = P_3 \cdot (i_{H3} - 1) \cdot \dfrac{1 + \eta_{13}^H}{\eta_{13}^H} \\[3mm]
\Rightarrow P_p = |P_l| = P_3 \cdot \dfrac{1 + \eta_{13}^H}{\eta_{13}^H} \cdot |i_{H3} - 1|
\end{cases}
\tag{7}
$$

Randamentul exact al unui sistem planetar simplu de tipul celui din figura 2 se obţine introducând expresia puterii pierdute absolute P_p, explicitată din relaţia (7) în formula randamentului (sistemul 8).

$$
\begin{cases}
\eta_{H3}^1 = \dfrac{P_3}{P_H} = \dfrac{P_3}{P_3 + P_p} = \dfrac{P_3}{P_3 + P_3 \cdot \dfrac{1 + \eta_{13}^H}{\eta_{13}^H} \cdot |i_{H3} - 1|} = \\[4mm]
= \dfrac{1}{1 + \dfrac{1 + \eta_{13}^H}{\eta_{13}^H} \cdot |i_{H3} - 1|} = \dfrac{1}{1 + \dfrac{1 + \eta_{13}^H}{\eta_{13}^H} \cdot |i_{H3}^1 - 1|}
\end{cases}
\tag{8}
$$

Pentru mecanismele cu patru sisteme de roţi dinţate randamentul îmbracă forma (9).

$$
\left\{
\begin{aligned}
\eta_{H4}^1 &= \frac{P_4}{P_H} = \frac{P_4}{P_4 + P_p} = \frac{P_4}{P_4 + P_4 \cdot \dfrac{1+\eta_{14}^H}{\eta_{14}^H} \cdot \left| i_{H4} - 1 \right|} = \\
&= \frac{1}{1 + \dfrac{1+\eta_{14}^H}{\eta_{14}^H} \cdot \left| i_{H4} - 1 \right|} = \frac{1}{1 + \dfrac{1+\eta_{14}^H}{\eta_{14}^H} \cdot \left| i_{H4}^1 - 1 \right|}
\end{aligned}
\right.
\qquad (9)
$$

Aplicaţii:

61

A1-STUDIUL CINEMATIC AL MECANISMELOR CU ROŢI DINŢATE

1. Consideraţii generale

Mecanismele cu roţi dinţate, numite şi angrenaje, reprezintă cea mai răspândită categorie de transmisii mecanice, fiind caracterizate prin durabilitate şi siguranţă în funcţionare, gabarit redus, randament mecanic ridicat şi raport de transmitere constant.

Raportul de transmitere al mecanismului, i_{1n}, este raportul dintre viteza unghiulară a arborelui conducător (de intrare), ω_1 şi viteza unghiulară a arborelui condus (de ieşire), ω_n.

$$i_{1n} = \frac{\omega_1}{\omega_n} \quad (1)$$

$$i_{12} = \frac{\omega_1}{\omega_2} = \pm\frac{z_2}{z_1} \quad (2)$$

Dacă cei doi arbori, de intrare şi de ieşire, sunt paraleli, atunci raportul de transmitere se consideră pozitiv dacă arborii se rotesc în acelaşi sens şi negativ dacă se rotesc în sensuri contrare.

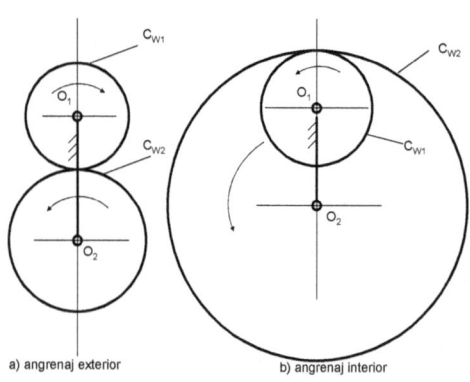

a) angrenaj exterior   b) angrenaj interior

Pentru angrenajul cu două axe paralele (angrenajul cilindric), raportul de transmitere se exprimă prin relaţia (2), unde z_1 şi z_2 sunt numerele de dinţi ale celor două roţi dinţate.

Semnul "-" corespunde angrenajului exterior, iar "+" angrenajului interior (Fig. 1.)

Fig. 1. *Schema angrenajului cilindric*

În cazul mecanismelor complexe (mecanisme cu mai mult de două roţi), raportul de transmitere se determină cu relaţia (3)

$$i_{1n} = i_{12} \cdot i_{23} \cdot \ldots \cdot i_{n-1,n} \qquad (3)$$

Utilizarea mecanismelor cu mai multe trepte (fiecare pereche de două roţi dinţate în angrenare, constituie o treaptă), se face în scopul obţinerii unor rapoarte de transmitere mai mari (deoarece raportul pentru o treaptă este limitat, pentru a nu scădea randamentul angrenării şi pentru a nu avea o variaţie de sarcină foarte mare pe un singur angrenaj, între roata de intrare şi cea de ieşire; i<6...10).

De obicei raportul de transmitere total al angrenării este supraunitar (i_{1n}>1), ceea ce face ca turaţia (sau viteza unghiulară) la ieşire să fie mai mică decât cea de intrare ($\omega_n < \omega_1$), transmisia numindu-se în acest caz reductor; se reduce turaţia (viteza unghiulară) dar în schimb creşte momentul M (sarcina, cuplul), deoarece puterea de la intrare este aproximativ egală cu cea de la ieşire (dacă nu ţinem cont de pierderile mecanice şi prin frecări, de randamentul mecanismului), $P_1 \equiv M_1 \cdot \omega_1 = M_n \cdot \omega_n \equiv P_n$.

În figura 2 se prezintă un exemplu de reductor cu două trepte. La acest mecanism, raportul de transmitere în funcţie de numerele de dinţi se scrie:

$$i_{13} = i_{12} \cdot i_{23} = (-\frac{z_2}{z_1}) \cdot (-\frac{z_3}{z_{2'}}) = \frac{z_2 \cdot z_3}{z_1 \cdot z_{2'}} \qquad (4)$$

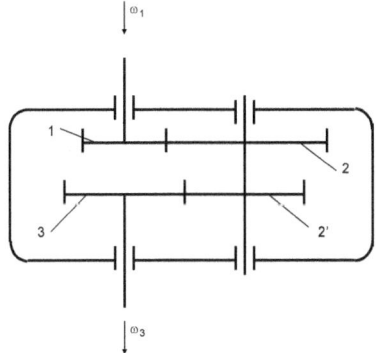

Fig. 2. *Schema cinematică a unui reductor cu două trepte cu revenire*

Deoarece i_{13} este pozitiv, reductorul nu schimbă sensul de rotaţie (dacă se schimba sensul de rotaţie între intrare-ieşire reductorul se chema inversor; dacă în loc să micşorăm turaţia am fi crescut-o mecanismul s-ar fi numit în loc de reductor, multiplicator).

Atunci când arborele de ieşire este coaxial cu cel de intrare (cum este cazul reductorului cu două trepte din figura 2), reductorul este denumit cu revenire.

Se numeşte cutie de viteze, un mecanism cu roţi dinţate la care raportul de transmitere se poate modifica în salturi, prin schimbarea roţilor în angrenare.

În figura 3. se dă un exemplu de cutie de viteze cu două trepte. Prima treaptă:roţile 1-2; a doua treaptă: roţile 1'-2'.

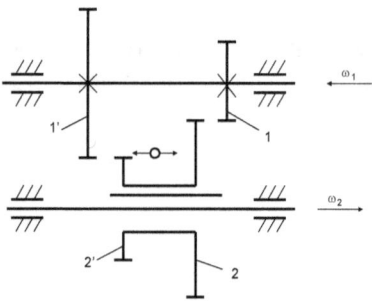

Fig. 3. *Schema cinematică a unei cutii de viteze cu două trepte*

Roţile 2 şi 2', care se pot deplasa axial, se numesc roţi baladoare.

Mecanismele cu roţi dinţate se pot clasifica în mecanisme cu axe fixe (cum au fost cele prezentate până acum) şi mecanisme cu axe mobile, sau planetare, care au în structura lor şi roţi dinţate cu axe mobile (aceste roţi dinţate cu axe mobile purtând denumirea de sateliţi); roţile dinţate cu axe fixe din cadrul unui planetar se cheamă roţi centrale sau planetare, iar cele cu axe mobile se numesc roţi sateliţi şi se rotesc în jurul planetarelor (roţilor centrale) fiind purtate (susţinute) de un element ce poartă denumirea de braţ port satelit.

Un mecanism planetar cu roţi dinţate are în general următoarele componente de bază: două roţi cu o axă fixă comună (roţi centrale), un element în rotaţie care susţine sateliţii, coaxial cu roţile centrale (elementul sau braţul port-satelit, notat cu H) şi sateliţii.

În principiu, două din cele trei elemente legate la bază, sunt elemente conducătoare şi al treilea este element condus. În această situaţie, mecanismul are două grade de mobilitate (M=2) şi se numeşte planetar diferenţial, ori direct diferenţial (fig. 4.).

Dacă una din roţile centrale este fixă (M=1), mecanismul se numeşte planetar simplu (fig. 5).

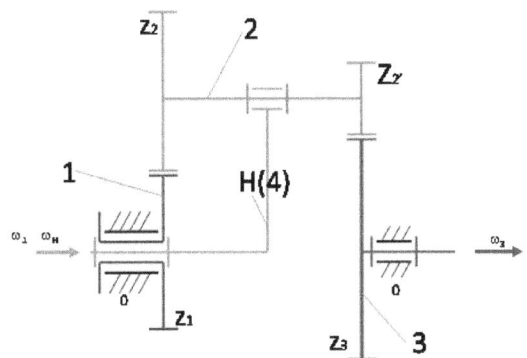

Fig. 4. *Schema cinematică a unui mecanism planetar diferenţial (M=2)*

Mecanismele planetare permit obţinerea unor rapoarte de transmitere mari, folosind un număr mic de roţi dinţate, cu randamente ridicate, transmisiile rezultate fiind compacte, uşoare, economice; în plus aceste mecanisme permit automatizarea mişcării, prin transformarea cutiei de viteze clasice cu angrenaje fixe, într-o cutie (schimbător) de viteze automată, la care nu mai este necesară schimbarea manuală a vitezelor de către conducătorul vehiculului. Tot prin angrenajele planetare diferenţiale s-a putut realiza diferenţierea mişcării între roţile unei punţi motoare, diferenţiere extrem de necesară atunci când vehiculul respectiv rulează în curbă.

În figura 4 se exemplifică un mecanism planetar diferenţial. După cum se observă, 1 şi 3 sunt roţile centrale, H este braţul port-satelit, iar roţile 2 şi 2' solidare pe un ax comun, reprezintă un singur element numit satelitul 2.

Dacă mecanismului planetar, în ansamblu, i se imprimă o rotaţie inversă "$-\omega_H$", acesta se transformă într-un mecanism cu axe fixe (cu revenire), numit mecanism de bază (metoda se numeşte "Willis"). Se poate observa că, mecanismul de bază al diferenţialului de mai sus, este reductorul cu două trepte din figura 2.

Aplicând metoda Willis pentru diferenţialul din figura 4, se poate scrie (relaţia 5); din care extragem relaţia (6):

$$i_{31}^{H} = \frac{\omega_3 - \omega_H}{\omega_1 - \omega_H} \qquad (5)$$

$$\omega_3 = \omega_1 \cdot i_{31}^{H} + \omega_H \cdot (1 - i_{31}^{H}) \qquad (6)$$

Totodată, considerând mecanismul de bază, putem scrie relaţia (7):

$$i_{31}^{H} = \frac{1}{i_{13}^{H}} = \frac{z_1 \cdot z_{2'}}{z_2 \cdot z_3} \qquad (7)$$

$$i_{H3} = \frac{\omega_H}{\omega_3} = \frac{\omega_H}{\omega_1 \cdot i_{31}^{H} + \omega_H \cdot (1 - i_{31}^{H})} \qquad (8)$$

Dacă roata 1 se fixează ($\omega_1 = 0$), se obţine un mecanism planetar simplu, ca cel din figura 5.

Presupunând că H este elementul conducător (cazul cel mai utilizat), din relaţia vitezelor unghiulare stabilită deja, rezultă (8) particularizat:

Din relaţia (8) se observă că dacă i_{31}^{H} este aproximativ 1, raportul de transmitere este foarte mare. Astfel, dacă numerele de dinţi ale roţilor sunt apropiate între ele, i_{H3} poate lua valori de ordinul miilor, milioanelor, sau chiar mai mari.

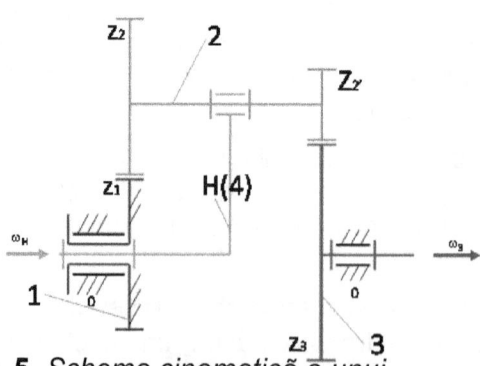

Fig. 5. *Schema cinematică a unui mecanism planetar simplu (M=1).*

Observaţie: Din punct de vedere practic, într-un mecanism planetar există mai mulţi sateliţi identici, dispuşi echidistant, pentru reducerea solicitărilor dinamice şi pentru echilibrarea elementului port-satelit. Sateliţii suplimentari sunt elemente pasive şi nu figurează în schema cinematică. În figura 6 se arată pozele unui schimbător de viteze 3+1 clasic (a) şi a unui planetar simplu (b).

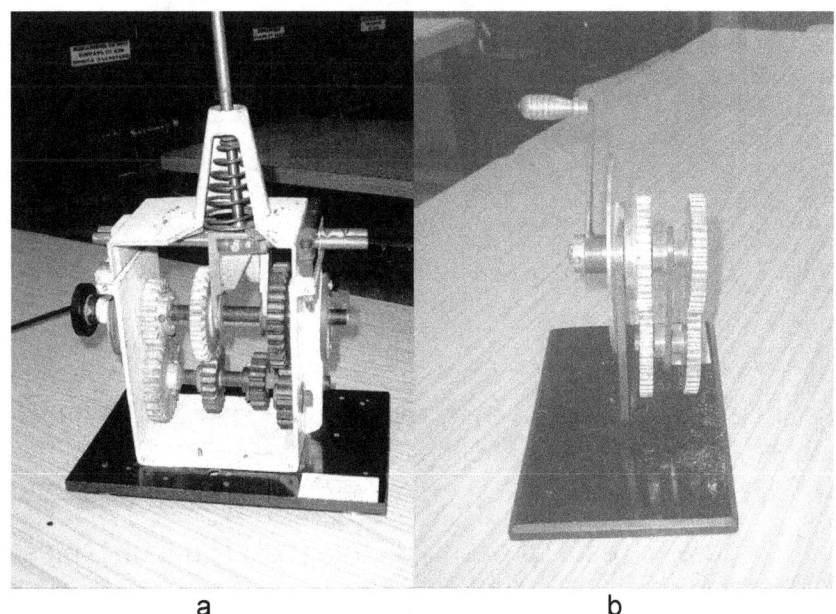

a   b

Fig. 6. *Schemele constructive (poze-machete) ale unui*
SV clasic 3+1(a)şi a unui mecanism planetar simplu (b).

În figura 7 este arătată schema constructivă a unei cutii de viteze automate (e vorba de o secţiune transversală a unui schimbător de viteze automat). Deşi este mai greu de realizat din punct de vedere tehnologic, totuşi avantajele evidente ale unei astfel de transmisii o impun acum şi tot mai mult în viitor. Schimbarea vitezelor se face automat, pe o plajă mărită, printr-o acţionare automată şi continuă, aproape fără şocuri, vibraţii şi zgomote; fără uzura de la schimbătorul clasic, fără manevrarea dificilă a ambreiajului acţionat de şofer cu o pedală, acum cuplajele fiind automate şi silenţioase. Schema constructivă arată utilizarea mai multor grupuri de mecanisme planetare.

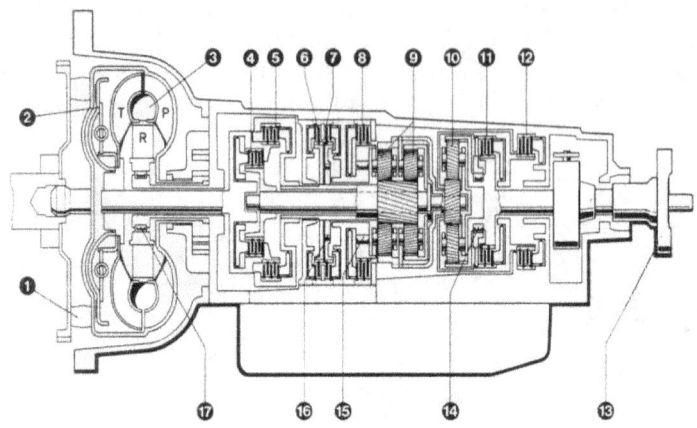

Fig. 7. *Schema constructivă a unui schimbător de viteze automat*

Şi de aici, se poate vedea avantajul mecanismului cu axe mobile în comparaţie cu cel cu axe fixe.

În figura 8 este prezentată fotografia unui mecanism diferenţial conic.

El realizează diferenţierea vitezelor celor două roţi ale punţii conducătoare pe care este montat, atunci când este nevoie; necesitatea diferenţierii vitezelor de rotaţie la cele două roţi de tracţiune de pe aceeaşi punte apare în special atunci când vehiculul respectiv se află în curbă; roata care rulează pe cercul exterior poate astfel să capete o viteză unghiulară mai mare decât cea a roţii care rulează pe cercul interior, de curbură mai mică (de rază mai mică).

Se evită astfel uzura puternică a roţii şi a transmisiei.

Fig. 8. *Schema constructivă (poză) a unui mecanism planetar diferenţial (conic).*

2. Scopul lucrării   Lucrarea are ca scop analiza cinematică a unor tipuri reprezentative de mecanisme cu roţi dinţate, existente în dotarea laboratorului: reductoare, cutii de viteză, mecanisme planetare, simple şi diferenţiale (dintre acestea existând diferenţiale cilindrice şi conice).

3. Modul de lucru   Mecanismele care urmează a fi studiate sunt prezentate într-un formular (model de referat), anexat la lucrarea de faţă. El conţine schemele cinematice ale mecanismelor respective cu precizarea mărimilor care se determină. Lucrarea efectivă constă în: identificarea elementelor şi verificarea schemelor cinematice; determinarea numerelor de dinţi ale roţilor din angrenajele respective; stabilirea (verificarea) relaţiei de calcul şi calculul rapoartelor de transmitere, parţiale şi final, pentru fiecare mecanism în parte; tragerea unor concluzii pe baza celor prezentate mai înainte.

NOTĂ: Referatul lucrării se va întocmi conform modelului anexat.

STUDIUL CINEMATIC AL MECANISMELOR CU ROŢI DINŢATE

I - MECANISME CU AXE FIXE

a) Reductor cu roţi cilindrice cu două trepte, cu revenire

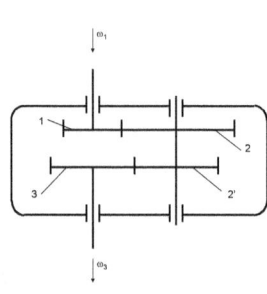

$z_1 = ...$

$z_2 = ...$

$z_{2'} = ...$

$z_3 = ...$

$$i_{13} = i_{12} \cdot i_{23} = (-\frac{z_2}{z_1}) \cdot (-\frac{z_3}{z_{2'}}) = \frac{z_2 \cdot z_3}{z_1 \cdot z_{2'}}$$

b) Cutie de viteze cu 3+1 trepte;

$$z_1 = .., z_2 = .., z_3 = .., z_4 = .., z_5 = .., z_6 = .., z_7 = .., z_8 = ..$$

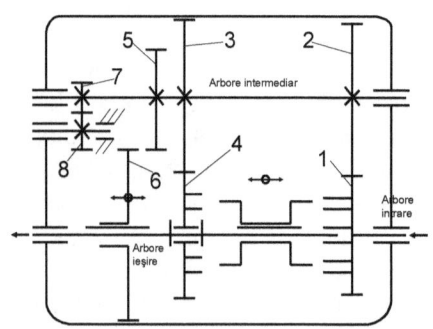

Treapta de viteză	Roţi în angrenare		raport de transmitere	
			relaţie	valoare
I	1-2	5-6	$i_I = i_{12} \cdot i_{56}$	
II	1-2	3-4	$i_{II} = i_{12} \cdot i_{34}$	
III	priză directă		-	
MR	1-2 7-8 8-6		$i_{MR} = i_{12} \cdot i_{78} \cdot i_{86}$	

II - MECANISME CU AXE MOBILE   (planetar simplu)

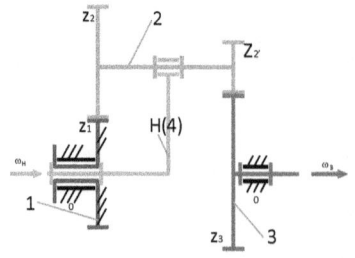

$$i_{31}^H = \frac{1}{i_{13}^H} = \frac{z_1 \cdot z_{2'}}{z_2 \cdot z_3}$$

$$i_{H3}^1 = \frac{1}{i_{3H}^1} = \frac{1}{1 - i_{31}^H}$$

A2-DETERMINAREA RANDAMENTULUI MECANIC LA UN MECANISM PLANETAR SIMPLU

În figura 1 sunt prezentate schemele constructive corespunzătoare la trei mecanisme planetare simple, pentru care trebuie determinat randamentul mecanic, iar în fig. 2 se poate urmări schema cinematică corespunzătoare unui astfel de mecanism.

Fig. 1. *Scheme constructive (poze) ale unor mecanisme planetare simple cărora trebuie să li se determine randamentul mecanic*

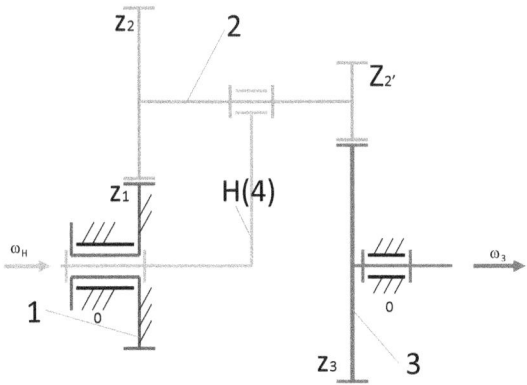

Fig. 2. *Schema cinematică a unui planetar simplu (M=1)*

Se utilizează relaţiile de calcul (1-5).

$$\begin{cases} \eta_{H3}^1 = \dfrac{P_3}{P_H} = \dfrac{P_3}{P_3 + P_p} = \dfrac{P_3}{P_3 + P_3 \cdot \dfrac{1+\eta_{13}^H}{\eta_{13}^H} \cdot \left|i_{H3} - 1\right|} = \\[4ex] = \dfrac{1}{1 + \dfrac{1+\eta_{13}^H}{\eta_{13}^H} \cdot \left|i_{H3} - 1\right|} = \dfrac{1}{1 + \dfrac{1+\eta_{13}^H}{\eta_{13}^H} \cdot \left|i_{H3}^1 - 1\right|} \end{cases} \qquad (1)$$

$$\begin{cases} i_{13}^H = \dfrac{\omega_1 - \omega_H}{\omega_3 - \omega_H} \equiv \dfrac{z_2}{z_1} \cdot \dfrac{z_3}{z_{2'}} \\[3ex] \dfrac{z_2}{z_1} \cdot \dfrac{z_3}{z_{2'}} = \dfrac{\dfrac{\omega_1}{\omega_H} - \dfrac{\omega_H}{\omega_H}}{\dfrac{\omega_3}{\omega_H} - \dfrac{\omega_H}{\omega_H}} \\[4ex] i_{13}^H = \dfrac{z_2 \cdot z_3}{z_1 \cdot z_{2'}} = \dfrac{0-1}{\dfrac{\omega_3}{\omega_H} - 1} = \dfrac{1}{1 - i_{3H}} = \dfrac{1}{1 - \dfrac{1}{i_{H3}^1}} \Rightarrow \\[4ex] \Rightarrow i_{H3}^1 = \dfrac{1}{1 - \dfrac{1}{i_{13}^H}} = \dfrac{z_2 \cdot z_3}{z_2 \cdot z_3 - z_1 \cdot z_{2'}} \end{cases} \qquad (2)$$

$$\eta_m = \dfrac{1}{1 + tg^2\alpha_0 + \dfrac{2\pi^2}{3 \cdot z_1^2} \cdot (\varepsilon_{12} - 1) \cdot (2 \cdot \varepsilon_{12} - 1) \pm \dfrac{2\pi \cdot tg\alpha_0}{z_1} \cdot (\varepsilon_{12} - 1)} \qquad (3)$$

$$\varepsilon_{12}^{a.e.} = \dfrac{\sqrt{z_1^2 \cdot \sin^2\alpha_0 + 4 \cdot z_1 + 4} + \sqrt{z_2^2 \cdot \sin^2\alpha_0 + 4 \cdot z_2 + 4} - (z_1 + z_2) \cdot \sin\alpha_0}{2 \cdot \pi \cdot \cos\alpha_0} \qquad (4)$$

$$\varepsilon_{12}^{a.i.} = \dfrac{\sqrt{z_e^2 \cdot \sin^2\alpha_0 + 4 \cdot z_e + 4} - \sqrt{z_i^2 \cdot \sin^2\alpha_0 - 4 \cdot z_i + 4} + (z_i - z_e) \cdot \sin\alpha_0}{2 \cdot \pi \cdot \cos\alpha_0} \qquad (5)$$

Modul de lucru, în 8 (opt) paşi:

a-Se determină numărul de dinţi al celor patru roţi $z_1, z_2, z_{2'}, z_3$, prin numărare directă pe mecanism, urmărind şi schema din figura 2 pentru conformitate (pentru identificarea roţilor 1, 2, 2', 3).

b+c-Se calculează gradul de acoperire al angrenajului 1-2 cu relaţia (6), iar cu ajutorul lui se calculează randamentul angrenajului 1-2 cu relaţia (7).

d+e-Se calculează gradul de acoperire al angrenajului 2-3 cu relaţia (8), iar cu ajutorul lui se calculează randamentul angrenajului 2-3 cu relaţia (9).

f-Produsul celor două randamente ne donează randamentul total al mecanismului cu axe fixe (se utilizează relaţia 10).

g-Cu relaţia (11) se calculează raportul de transmitere intrare-ieşire al planetarului simplu (cu elementul 1 fixat).

h-În final se determină randamentul dorit, randamentul mecanic total al planetarului, utilizând pentru calculul acestuia relaţia (12), în care mai avem nevoie doar de rezultatele obţinute din relaţiile anterioare (10) şi (11).

$$\varepsilon_{12}^{a.e.} = \frac{\sqrt{z_1^2 \cdot \sin^2 \alpha_0 + 4 \cdot z_1 + 4} + \sqrt{z_2^2 \cdot \sin^2 \alpha_0 + 4 \cdot z_2 + 4} - (z_1 + z_2) \cdot \sin \alpha_0}{2 \cdot \pi \cdot \cos \alpha_0} \qquad (6)$$

$$\eta_{m12} = \frac{1}{1 + tg^2 \alpha_0 + \dfrac{2\pi^2}{3 \cdot z_1^2} \cdot (\varepsilon_{12} - 1) \cdot (2 \cdot \varepsilon_{12} - 1) \pm \dfrac{2\pi \cdot tg\alpha_0}{z_1} \cdot (\varepsilon_{12} - 1)} \qquad (7)$$

$$\varepsilon_{23}^{a.e.} = \frac{\sqrt{z_{2'}^2 \cdot \sin^2 \alpha_0 + 4 \cdot z_{2'} + 4} + \sqrt{z_3^2 \cdot \sin^2 \alpha_0 + 4 \cdot z_3 + 4} - (z_{2'} + z_3) \cdot \sin \alpha_0}{2 \cdot \pi \cdot \cos \alpha_0} \qquad (8)$$

$$\eta_{m23} = \frac{1}{1 + tg^2\alpha_0 + \dfrac{2\pi^2}{3 \cdot z_{2'}^2} \cdot (\varepsilon_{23} - 1) \cdot (2 \cdot \varepsilon_{23} - 1) \pm \dfrac{2\pi \cdot tg\alpha_0}{z_{2'}} \cdot (\varepsilon_{23} - 1)} \tag{9}$$

$$\eta_{13}^H = \eta_{m12}^H \cdot \eta_{m23}^H = \eta_{m12} \cdot \eta_{m23} \tag{10}$$

$$i_{H3}^1 = \frac{z_2 \cdot z_3}{z_2 \cdot z_3 - z_1 \cdot z_{2'}} \tag{11}$$

$$\eta_{H3}^1 = \frac{1}{1 + \dfrac{1 + \eta_{13}^H}{\eta_{13}^H} \cdot \left| i_{H3}^1 - 1 \right|} \tag{12}$$

CAP. IV

TRANSMISII MECANICE CU AXE MOBILE (TRENURI PLANETARE)

Sistemele planetare, transmisiile cu axe mobile, sau trenurile planetare, sunt mai compacte decât cele cu axe fixe, mai uşoare, mai diverse şi cu posibilităţi mai mari de automatizare a transmisiilor realizate (vezi figura 1).

Fig. 1. *Schema cinematică a unui sistem planetar*

Un scurt istoric

Angrenajele planetare cu roţi dinţate satelit au fost utilizate încă din perioada anilor 100-80 î.Ch. la un astrolab din Grecia antică. Acest mecanism ingenios (Antikythera 1; figura 2) afişa mişcarea soarelui şi a lunii, cu ajutorul a zeci de roţi dinţate de diferite dimensiuni, a căror mişcare venea de la un singur element cinematic de intrare.

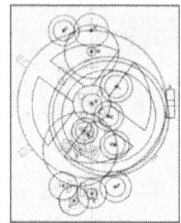

Fig. 2. *Antikythera 1; mecanismul unui astrolaborator de peste 2100 ani vechime*

În figura 3 este prezentat unul dintre cele mai vechi mecanisme planetare (în stare funcţională). Mecanisme planetare vechi mai întâlnim la ceasornicele şi orologiile destinate turnurilor vechilor clădiri, la pendulele de perete păstrate prin bătrânele castele sau muzee, ori la vestitele ceasuri de buzunar elveţiene rămase de la bunicii noştrii.

Fig. 3. *Mecanism planetar vechi*

Mecanismele planetare au fost utilizate industrial la cutiile de viteze automate destinate iniţial industriei aerospaţiale, apoi celei aeronautice, şi abia în al treilea rând celei producătoare de autovehicule rutiere. Primele schimbătoare automate erau greoaie şi voluminoase, acţionările, comenzile şi automatizările făcându-se la început doar hidraulic şi mecanic. Era electronică, şi informatică, a adus cipurile, softul şi automatizările cibernetice şi în sprijinul cutiilor de viteze automate (figura 4).

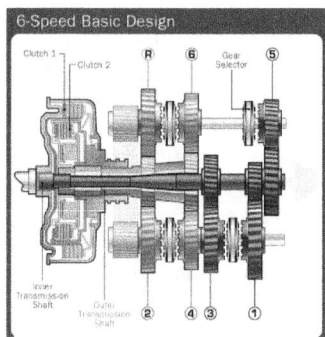

Fig. 4. *Mecanismul unei cutii de viteze automate cu şase trepte*

Dezvoltarea lor rapidă şi diversificarea modelelor a reprezentat apoi un lucru firesc.

Totuşi partea mecanică, cea care se referă la schema constructivă, la numărul de planetare utilizate, la modul lor de legare, etc, nu a evoluat corespunzător, modelele fiind tot cele greoaie, cu răspunsuri tardive, cu inerţii mari, şi timpi de reacţie mult prea mari, astfel încât căutările au căpătat o altă turnură mergându-se pe linia greşită a încercării unor combinaţii multiple, hibrizi, amestecuri, de schimbătoare de viteze automate sau semiautomate, CVTuri, etc. Este evident că „negăsindu-se soluţia raţională" s-au încercat diverse „alternative exotice", iar baza a rămas până la urmă „schimbătorul de viteze manual".

Un alt domeniu în care mecanismele planetare s-au răspândit foarte mult este cel al roboticii şi mecatronicii, unde sistemele planetare au cunoscut o dezvoltare şi o diversificare fără precedent.

Totuşi în ultimii 20-30 ani, sistemele mecanice mobile (mecatronice) au intrat pe o nouă direcţie, cea a sistemelor seriale n-R acţionate prin actuatori moderni electrici, sau cea a sistemelor paralele, ambele nemaiavând o nevoie stringentă de sisteme planetare. Cum nici în domeniul automobilelor cutiile de viteze automate nu şi-au găsit încă soluţia, iar ceasurile electronice au luat locul celor mecanice, sistemele planetare s-au mai dezvoltat doar la transmisiile automate de la aeronave, şi la mecanismele de diferenţiere a mişcării, montate pe aproape toate vehiculele terestre (autovehicule, trenuri, metrouri, etc), unde diferenţialul a rămas aproape neschimbat de la apariţia sa şi până în prezent (vezi fig. 5).

Fig. 5. *Mecanism diferenţial de la un automobil Dacia-Renault*

Geometria angrenajului conic

Pentru a putea înţelege cum lucrează un mecanism diferenţial trebuiesc expuse pe scurt şi câteva elemente referitoare la geometria angrenajelor conice. În figura 6 sunt prezentate elementele geometrice principale ale unui angrenaj conic, calculate cu relaţiile sistemului (1).

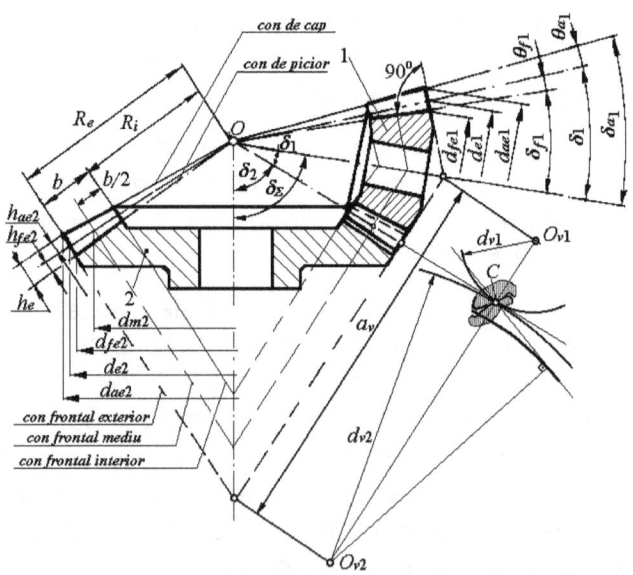

Fig. 6. *Elementele geometrice principale ale unui angrenaj conic*

$$\begin{cases}
m_{te} = \dfrac{p_e}{\pi}; \quad m_{ti} = \dfrac{p_i}{\pi}; \quad m_{te} = m_t; la \quad d\mathrm{int}\,i \quad drepti \quad m_t \Rightarrow m; \\[2mm]
d_1 = m_t \cdot z_1; \quad d_2 = m_t \cdot z_2; \quad d_0 = m_t \cdot z_0 = \dfrac{d_1}{\sin \delta_1} = \dfrac{d_2}{\sin \delta_2}; \\[2mm]
pentru \quad \Sigma = 90^0 \Rightarrow d_p = 2R = \sqrt{d_1^2 + d_2^2} \quad si \quad z_0 = \sqrt{z_1^2 + z_2^2}; \\[2mm]
i_{12} = \dfrac{\sin \delta_2}{\sin \delta_1} = \dfrac{\sin(\Sigma - \delta_1)}{\sin \delta_1}; \\[2mm]
h_{a_1} = m_t \cdot \left(h_a^* + x_r \right), \quad h_{f_1} = m_t \cdot \left(h_a^* + c^* - x_r \right), \\[2mm]
h_{a_2} = m_t \cdot \left(h_a^* - x_r \right), \quad h_{f_2} = m_t \cdot \left(h_a^* + c^* + x_r \right), \quad tg\,\alpha_t = \dfrac{tg\,\alpha_n}{\cos \beta_e} \\[2mm]
\delta_{a_1} = \delta_1 + \theta_{a_1}; \quad \delta_{a_2} = \delta_2 + \theta_{a_2}; \quad \delta_{f_1} = \delta_1 - \theta_{f_1}; \quad \delta_{f_2} = \delta_2 - \theta_{f_2}; \\[2mm]
tg\,\theta_{a_1} = \dfrac{h_{a_1}}{R}; \quad tg\,\theta_{a_2} = \dfrac{h_{a_2}}{R}; \quad tg\,\theta_{f_1} = \dfrac{h_{f_1}}{R}; \quad tg\,\theta_{f_2} = \dfrac{h_{f_2}}{R}; \\[2mm]
d_{a_1} = d_1 + 2 \cdot h_{a_1} \cdot \cos \delta_1; \quad d_{a_2} = d_2 + 2 \cdot h_{a_2} \cdot \cos \delta_2; \\[2mm]
r_{v_1} = \begin{cases} = \dfrac{d_1}{2 \cdot \cos \delta_1} = \dfrac{m \cdot z_1}{2 \cdot \cos \delta_1} \\[3mm] = \dfrac{m \cdot z_{v_1}}{2} \end{cases} \Rightarrow z_{v_1} = \dfrac{z_1}{\cos \delta_1} \quad si \quad z_{v_2} = \dfrac{z_2}{\cos \delta_2} \\[5mm]
pt. \quad \Sigma = 90^0 \Rightarrow i_{v_{12}} = \dfrac{z_{v_2}}{z_{v_1}} = \dfrac{z_2}{z_1} \cdot \dfrac{\sin \delta_2}{\sin \delta_1} = i_{12} \cdot i_{12} = i_{12}^2
\end{cases} \tag{1}$$

Se disting: conurile de cap; conurile de divizare; conurile de picior; conurile frontale: - exterior; - mediu; - interior;

- unghiurile caracteristice: $-\delta_\Sigma$ - unghiul dintre axe;

$-\delta_{1,2}$ - semiunghiul conului de divizare-rostogolire;

$-\delta_{a1,2}$ - semiunghiul conului de cap;

- $\delta_{f1,2}$ - semiunghiul conului de picior;

- $\theta_{f1,2}$ - unghiul piciorului dintelui;

- $\theta_{a1,2}$ - unghiul capului dintelui

Cazul cel mai uzual este cel în care $\delta_1 + \delta_2 = \sum = 90^0$.

Pentru dinţi drepţi se ia β=0 şi m_t=m.

Liniile de referinţă corespunzătoare înfăşurate pe cilindrii respectivi formează un con de referinţă. Dacă x_r=0 conul de referinţă degenerează la un plan de referinţă, suprapunându-se peste planul de divizare.

Verificările evitării interferenţei, calculul gradului de acoperire, şi alte calcule suplimentare se pot face cu uşurinţă pe angrenajul cilindric echivalent Ov1-Ov2.

Fig. 7. *Mecanism diferenţial*

Un mecanism diferenţial (vezi figura 7) este compus dintr-un pinion „de atac" care acţionează coroana diferenţială (transmiţând mişcarea la 90 grade şi efectuând şi o reducţie), care este sudată de platoul portsatelit, ce poartă sateliţii care transmit mişcarea pinioanelor (axelor) planetare, axe ce acţionează roţile vehiculului. La mersul în linie dreaptă cele două axe (roţi) planetare (stânga şi dreapta) se rotesc cu viteze egale şi având fiecare valoarea vitezei unghiulare a coroanei portsatelit. Suma vitezei planetarei din stânga plus cea a planetarei din dreapta este în permanenţă egală cu dublul vitezei coroanei (port satelit).

Dacă viteza uneia din roţile planetare scade, automat viteza celeilalte planetare creşte pentru a putea compensa şi conserva suma vitezelor lor conform relaţiilor (2).

$$\omega_{ps} + \omega_{pd} = 2 \cdot \omega_c \qquad (2)$$

Dacă viteza unei roţi planetare scade până la zero viteza celeilalte roţi planetare se dublează atingând dublul vitezei unghiulare a coroanei port-satelit. Dacă o roată planetară ajunge chiar să se rotească în sens invers decât coroana, atunci viteza unghiulară a celeilalte roţi planetare creşte şi mai mult depăşind dublul vitezei coroanei.

Când coroana se opreşte (capătă viteza 0) este încă posibilă mişcarea relativă a roţilor planetare, în aşa fel încât viteza uneia este egală cu viteza celeilalte dar având sensul opus.

Mecanismul diferenţial a apărut cu scopul de a diferenţia viteza roţilor stânga şi dreapta ale unui vehicul terestru în curbe, unde o roată (cea din exteriorul virajului) trebuie să parcurgă o distanţă mai mare decât cealaltă roată (situată în interiorul virajului), pentru a nu mai forţa transmisia în curbe, suprasolicitând-o, şi conducând-o la uzuri foarte mari, premature, şi chiar la ruperi ale mecanismului transmisiei, aşa cum se întâmpla în lipsa lui.

În anumite situaţii (când aderenţa roată-sol este foarte mică spre exemplu) este necesar să blocăm mecanismul diferenţial, fapt pentru care la multe vehicule a apărut dispozitivul care să blocheze diferenţialul, atunci când este nevoie.

BIBLIOGRAFIE

1.-A1. ALDEA, S., *Contribuţii la grafica computerizată a mecanismelor.* Teză de doctorat, U.P.B., Bucureşti, 1998.

2.-A2. ALEXANDRU, P., ş.a., *Proiectarea funcţională a mecanismelor.* Ed. Lux Libris Braşov, 2000.

3.-A3. ALEXANDRU, P., VISA, I., BOBÂNCU, S., *Mecanisme. Vol. II, Sinteza.* Lito U. din Braşov, 1984.

4.-A4. ANTONESCU, O., *Transmisii variabile utilizate la autovehicule rutiere.* Ed. Publiferom, Bucureşti, 2001.

5.-A5. ANTONESCU, P., *Mecanisme - Calculul structural şi cinematic.* I.P.B., Bucureşti, 1979.

6.-A6. ANTONESCU, P., PETRESCU, R., ADÎR, G., ANTONESCU, O. *Mecanisme cu roţi dinţate.* Editura PRINTECH, 1999.

7.-A7. ANTONESCU, P. *Sinteza mecanismelor.* I.P.B.,Bucuresti, 1983.

8.-A8. ANTONESCU, O., PETRESCU, R., ANTONESCU, P. *Contributions to Modeling and Simulation of Kinematics Geometry of Planar Linkages.* The 8-th Symposium on MTM, Timişoara, 2000, Vol. I, p. 45-50.

9.-A9. ANTONESCU, P., TEMPEA, I. *Sinteza mecanismelor de acţionare a ştergătoarelor de parbriz utilizate la autoturisme.* Simpozion MERO'87, Bucuresti, 1987, Vol. 4, p. 20-28.

10.-A10. ANTONESCU, P. *Sinteza manipulatoarelor.* Lito UPB, Bucureşti, 1993.

11.-A11. ANTONESCU, P. *Mecanisme.* Ed. Printech, Bucureşti, 2003.

12.-A12. ANTONESCU, P., MITRACHE, M., *Contribuţii la sinteza mecanismelor utilizate ca ştergătoare de parbriz.* SYROM'89, Bucureşti, 1989, Vol. IV, p. 23-32.

13.-A13. ANTONESCU, P., ANTONESCU, E., *Sinteza mecanismelor planetare cilindrice pentru realizarea translaţiei circulare.* SYROM'81, Bucureşti, 1981, Vol. III, p. 9-14.

14.-A14. ANTONESCU, P., BUGARU, M., *Calculul geometro-cinematic al mecanismului pentalater bimobil cu manivelă şi culisă oscilantă.* SYROM'89, Bucureşti, 1989, Vol. I.1, p. 627-636.

15.-A15. ARTOBOLEVSKI, I., *Teoria mehanizov*, Izd. Nauka, Moskva, 1965.

16.-A16. ATANASIU, M., *Mecanica.* Ed. Did. Ped., Bucureşti, 1973.

17.-A17. AUTORENKOLLEKTIV (J. VOLMER Coordonator), *Getriebetechnik-VEB, Verlag technik,* pp. 345-390, Berlin, 1968.

18.-B1. BOGDAN, R., LARIONESCU, D., CONONOVICI, S., *Sinteza mecanismelor plane articulate.* Editura Academiei R.S.R., Bucuresti, 1977.

19.-B2. BOTEZ, E., *Angrenaje.* Editura Tehnică, Bucureşti, 1962.

20.-B3. BRAUNE, R., *Bewegungs – Design – Eine Kemkompetenz des Getriebetechnikers*. VDI – Berichte Nr. 1567, Dusseldorf: VDI – Verlag, 2000. S. 1-23.

21.-B4. BUDA, L., MATEUCĂ, C., *Analiza funcţională, cinematică şi cinetostatică a mecanismului de ridicat ferestrele de la vagoanele de călători etajate*. SYROM'89, Bucureşti, 1989, Vol. IV, p. 59-66.

22.-B5. BUDA, L., GRECU, B., MARTINEAC, A., Mecanisme, elemente teoretice şi experimentale. Editura BREN, Bucureşti, 1999.

23.-B6. BUDA, L., GRECU, B., Mecanisme, ghid de proiectare. Editura BREN, Bucureşti, 2001.

24.-B7. BRUJA, ADR., DIMA, M., *Sinteza cinematicii reductoarelor armonice cu element frontal rigid*. Al 6-lea Simp. Naţ. de Utilaje de Construcţii, 2001, Vol. I, p. 53-59.

25.-B8. BRUJA, ADR., ş.a., *Robot purtător de echipamente pentru finisări în construcţii RPC-10*. Al 6-lea Simp. Naţ. de Utilaje de Construcţii, 2001, Vol. II, p. 52-58.

26.-B9. BUGAEVSKI, E., *Contributii la studiul cinematic şi dinamic al mecanismelor cu trenuri diferenţiale*. Teză de doctorat, I.P.B., 1971.

27.-B10. BOGDAN, R., LARIONESCU, D., *Analiza armonică complexă şi mecano-electrică a mecanismelor plane*. Editura Academiei R.S.R., Bucureşti, 1968.

28.-B11. BALAN, ST., *Probleme de mecanică*. Editura didactică şi pedagogică, Bucureşti, 1977.

29.-B12. BACKLUND, O., s.a., Volvo's MEP and PCP Engines: *Combining Environmental Benefit with High Performance*. In Fifth Autotechnologies Conference Proceedings, SAE, (910010), pp. 238.

30.-B13. BUJOR, I., ş.a., *Exerciţii şi probleme de geometrie analitică şi diferenţială*. Vol. I şi II, Editura Didactică şi Pedagogică, Bucureşti, 1963.

31.-B14. BOBOLYUBOV, S. K., VOINOV, A., *Engineering Drawing*. Mir Publishers, Moscow, 1987.

32.-B15. BEIZELMAN, R. D., ş.a., *Podşipniki kacenia*. Spravocinik, Iz. Maşinostroenie, Moskva, 1975.

33.-C1. COMĂNESCU, A., ş.a., *Mecanica, rezistenţa materialelor şi organe de maşini*. Editura Didactică şi Pedagogică, Bucureşti, 1982.

34.-C2. CRUDU, I., ş.a., *ATLAS Reductoare cu roţi dinţate*. Editura Didactică şi Pedagogică, Bucureşti, 1982.

35.-C3. CREŢU, S., ş.a., *Angrenaje. Îndrumar de proiectare*. Lito I.P. Iaşi, 1979.

36.-D1. DEMIAN, T., s.a., *Mecanisme de mecanică fină*. Editura Didactică şi Pedagogică, Bucureşti, 1982.

37.-D2. DIACONESCU, D., ş.a., *Particularităţi cinematice şi statice ale unui robotomecanism vertebroid de orientare cu angrenaje cilindrice*. Vol. Robot'88 Cluj-Napoca, 1988, p. 147-162.

38.-D3. DODESCU, GH., *Metode numerice în algebră*. Editura tehnică, Bucureşti, 1979.

39.-D4. DRANGA, M., *Contribuţii la analiza dinamică a mecanismelor cu unul şi cu mai multe grade de mobilitate*. Teză de doctorat. I.P.B., Bucureşti, 1975.

40.-D5. DRANGA, M., *Mecanisme şi organe de maşini*, partea I. Transmisii mecanice. I.P.B., Bucureşti, 1983.

41.-D6. DUDIŢĂ, FL., *Teoria mecanismelor*. Universitatea Braşov, 1979.

42.-D7. DUDIŢĂ, FL., ş.a., *Mecanisme articulate, inventica, cinematica*. Ed. Tehnică, Bucureşti, 1989.

43.-F1. FRĂŢILĂ, Gh., SOTIR, D., PETRESCU, F., PETRESCU, V., s.a. *Cercetări privind transmisibilitatea vibraţiilor motorului la cadrul şi caroseria automobilului*. CONAT-matma, Braşov, 1982, Vol. I, p. 379-388.

44.-F2. FRĂŢILĂ, Gh., MARINCAŞ, D., BEJAN, N., FRĂŢILĂ, M., PETRESCU, F., PETRESCU, R., RĂDULESCU, I. *Contributions a l'amelioration de la suspension du groupe moteur-transmission*. În buletinul Universităţii din Braşov, Seria A, Mecanică aplicată, Vol. XXVIII, 1986, p. 117-123.

45.-F3. FRĂŢILĂ, Gh., *Calculul şi construcţia automobilelor*. Editura Didactică şi Pedagogică, Bucureşti, 1980.

46.-G1. GRUNWALD, B., *Teoria, calculul şi construcţia motoarelor pentru autovehicule rutiere*. Editura didactică şi pedagogică, Bucureşti, 1980.

47.-G2. GRUMĂZESCU, M., ş.a., *Combaterea zgomotului şi vibraţiilor*. E.T., Bucureşti, 1964.

48.-G3. GAFIŢEANU, M., ş.a., *Organe de maşini*. Vol. II, Editura Tehnică, Bucureşti, 1983.

49.-G4. GRECU, B., BUDA, L., *Mecanisme, caiet de proiectare*. Editura Printech, Bucureşti, 2000.

50.-H1. HANDRA-LUCA, V., *Organe de maşini şi mecanisme*. Editura Did. şi pedagogică, Bucureşti, 1975.

51.-H2. HANDRA-LUCA, V.,STOICA, A., *Introducere în teoria mecanismelor*. Vol. II., Editura Dacia, Cluj-Napoca, 1983.

52.-H3. HARRIS, M.C., CREDE, E.C., *Şocuri şi vibraţii*. Vol. I-III., E.T., Bucureşti, 1968-69.

53.-H4. HOROVITZ, B., *Reductoare şi variatoare de turaţie*. Editura Tehnică, Bucureşti, 1963.

54.-H5. HOLTE, J. E., *Mised Exact – approxiate position synthesis of planar mechanisms*. In: Transactions of the ASME, Journal of Mechanical Design 122 (2000), p. 278-286.

55.-I1. IACOB, C., *Mecanica teoretică*. E.D.P., Bucureşti, 1971.

56.-I2. IUDIN, E., s.a., *Issledovanie suma ventileatorîh ustanovok I metodov borbî s nim*. Oborongiz, Moskva, 1958.

57.-J1. JALIU, C., NEAGOE, M., *Cinematica directă şi inversă a unui robotomecanism vertebroid cu roţi dinţate*. Robotica'98, Braşov, 1998, p. 61-64.

58.-J2. JIANG QI , XU ZENG-YIN, *Compounding of mechanism and analysis and synthesis of complex mechanisms*. In al IV-lea SYROM'85, Vol. III-1., Bucureşti, iulie 1985.

59.-J3. JASSEN, B., *Kraftschlub bei Kurventrieben*. Ind. Anz., 1966, 88, Part. I: 1906-1907; part. II: 2193-2196.

60.-K1. KERLE, H., *Dubbel − Taschenbuch fur den Maschinenbau*. 20. Aufl. Berlin/ Heidelberg/ New York: Springer, 2001. S. G161-G172.

61.-K2. KOJEVNIKOV, S.N., *Teoria mehanizmov i maşin*. Izd. Maşinostroenie, Moskva, 1969.

62.-K3. KOVACS, Fr., PERJU, D., CRUDU, M., *Mecanisme*. Partea I-a. Analiza mecanismelor. I.P."Traian Vuia" din Timisoara, 1978.

63.-K4. KOVACS, Fr., PERJU, D., *Mecanisme*. I.P. "Traian Vuia" din Timişoara, 1977.

64.-K5. KOVACS, Fr., Allgemeines zahnprofil: geometriscges model und verzahnungstechnologie − prinzipien. În the 8-th Symposium on Mechanisms, Timişoara, 2000, Vol. I, p. 135-140.

65.-K6. KOVACS, Fr., ş.a., *Sinteza mecanismelor, curs*. Vol. I şi II, I.P. Timişoara, 1992.

66.-L1. LICHTENHELDT, W., *Konstruktionslehre der Getriebe*. Akademie − Verlag Berlin, 1970.

67.-L2. LEDERER, P., *Dynamische synthese der ubertragungs-funktion eines Kurvengetriebes*. In, Mech. Mach. Theory ,Vol. 28., Nr.1., pp. 23-29, Printed in Great Britain, 1993.

68.-L3. LUPKIN, P., ş.a., *Automobile Chassis. Design and Calculations*. MIR Publishers, Moscow, 1989.

69.-L4. LUCK, K., MODLER, K. H., *Getriebetechnik − Analyse, Synthese, Optimierung*. 2. Aufl. Berlin/ Heidelberg/ New York: Springer, 1995.

70.-L5. LIN, S., *Getriebesynthese nach unscharfen Lagenvorgaben durch Positionierung eines vorbestimmten Getriebes*. In: Fortschritt − Berichte VDI, Reihe 1. Nr. 313, Dusseldorf: VDI − Verlage, 1999.

71.-L6. LOVISCACH, J., *Die elektronische Uni − Neue Medien in der Lehre*. In: c't (2001) 4. S. 108-115.

72.-M1. MANOLESCU, N.I., KOVACS, FR., ORANESCU, A., *Teoria mecanismelor şi a maşinilor*. Editura didactică şi pedagogică, Bucureşti, 1972.

73.-M2. MANOLESCU, N.I., MAROS, D., *Teoria mecanismelor şi a maşinilor*. Editura tehnică, Bucureşti, 1958.

74.-M3. MANOLESCU, N.I., ş.a., *Probleme de teoria mecanismelor şi a masinilor*. Vol. II., E.D.P., Bucureşti, 1968.

75.-M4. MAROŞ, D., *Mecanisme*. Vol. I., I.P. Cluj-Napoca, 1980.

76.-M5. MERTICARU, V., *Mecanisme şi organe de maşini*. I.P.Iaşi, 1979.

77.-M6. MANGERON, D., IRIMICIUC N., *Mecanica rigidelor cu aplicaţii în inginerie*. Vol. I,II si III. Editura tehnică, Bucureşti, 1981.

78.-M7. MARUSTER, ST., *Metode numerice în rezolvarea ecuaţiilor neliniare.* Ed. Tehn., Bucureşti, 1981.

79.-M8. MANEA, GH., *Organe de maşini.* Editura Tehnică, Bucureşti, 1970.

80.-M9. MURGULESCU, E., ş.a., *Geometrie analitică în spaţiu şi geometrie diferenţială, culegere de probleme.* Editura Didactică şi Pedagogică, Bucureşti, 1973.

81.-M10. MIHĂILEANU, N.N., *Curs de geometrie analitică şi diferenţială.* Editura Didactică şi Pedagogică, Bucureşti, 1971.

82.-M11. MODLER, K.H., *Reakisierung von pilgerschritten durch zweiraderkoppel-getriebe.* Dynamik und Getribetechnik, Vol. A, Dresda 1979, p. VIII/1-VI/12.

83.-M12. MARGINE, AL., *Contribuţii la sinteza geometro-cinematică şi dinamică a mecanismelor planetare cu roţi dinţate cilindrice.* Teză de doctorat, U.P.B., 1999.

84.-M13. MODLER, K.H., WADEWITZ, C., *Synthese von Raderkoppelgetriebe als Vorschaltgetriebe mit definierter Ungleichformigkeit.*Wissenschaftliche Zeitschrift, TU-Dresden Nr. 3, 2001, p.101-106.

85.-M14. MILOIU, Gh., ş.a., *Transmisii mecanice moderne.* Editura Tehnică, Bucureşti, 1980.

86.-M15. MAROŞ, D., *Calcule numerice la mecanismele plane.* Editura Dacia, Cluj-Napoca, 1987.

87.-M16. MAROŞ, D., *Cinematica roţilor dinţate.* Editura Tehnică, Bucureşti, 1958.

88.-M17. MARINCAŞ, D., SOTIR, D., PETRESCU, F., PETRESCU, V., s.a. *Rezultate experimentale privind îmbunătăţirea izolaţiei fonice a cabinei autoutilitarei TV-14.* În a IV-a Conferinţă de Motoare, Automobile, Tractoare şi Maşini Agricole, CONAT-matma, Braşov, 1982, Vol. I, p. 389-398.

89.-M18. MARIN, G., PETRESCU, R., PETRESCU, F. *Consideraţii privind utilizarea graficii asistate în desenul de specialitate.* În al VI-lea Simpozion de Geometrie Descriptivă şi Grafică Inginerească Computerizată, Bucureşti, 1998, Vol. III, p. 673-676.

90.-M19. MODLER, K. H., WADEWITZ, C., TREPTE, U., *Rechnergestutzte Synthese von Raderkoppelgetrieben als Vorschaltgetriebe zur Erzeugung nichtlinearer Antriebsbewegungen.* Bericht zum DFG – Vorhaben Mo 537/5 – 1. TU Dresden, 1998.

91.-N1. NEUMANN, R., *Einstellbare Raderkoppelgetriebe.* Dynamik und Getribe-technik, Vol. A, Dresda 1979, p. VI/1-VI/14.

92.-N2. NEUMANN, R., *Dreiraderkoppel – schrittgetriebe mit zahnradem oder zahnriemen.* SYROM'2001, Bucureşti, Vol. III, p. 321-324.

93.-N3. NIEMEYER, J., *Das IGM – Getriebelexikon – Wissensverarbeitung in der Getriebetechnik mit Hilfe der Internet – Technologie.* In: Dittrich, G. (Hrsg.): IMG – Kolloquium Getriebetechnik 2000, Forschung & Lehre 1972-2000. Aachen: Mainz, 2000. S. 53-66.

94.-N4. NIŢU, I., BOGDAN, R.C., *Analiza cinematică a mecanismelor diferenţiale de orientare pe baza reducerii la un mecanism diferenţial de referinţă.* SYROM'97, Bucureşti, Vol. 2, p. 253-258.

95.-N5. NIŢU, I., *Contribuţii la cinematica roboţilor industriali cu module cinematice diferenţiale de orientare.* Teză de doctorat, UPB, Bucureşti, 1998.

96.-N6. NEGREA, C., PAVELESCU, T., *Ambreiajul şi cutia de viteze.* Ed. Tehnică, Bucureşti, 1980.

97.-O1. OCNĂRESCU, C., *Cercetări teoretice şi experimentale în domeniul roboţilor poliarticulaţi cu bare şi roţi dinţate.* Teză de doctorat, UPB, Bucureşti, 1996.

98.-O2. OCNĂRESCU, C., *Mecanisme şi manipulatoare.* Editura BREN, Bucureşti, 2001.

99.-O3. OCNĂRESCU, C., *Teoria mecanismelor.* Editura BREN, Bucureşti, 2002.

100.-O4. OPRIŞAN, C., *Analytic models in the synthesis of the adjustable in steps mechanisms.* In the 8-th Symposium on Mechanisms, Timişoara, 2000, Vol. I, p. 223-228.

101.-P1. PELECUDI, CHR., DRANGA, M., *Dinamica maşinilor.* I.P.B., Bucureşti, 1980.

102.-P2. PELECUDI, CHR., *Bazele analizei mecanismelor.* Editura Academiei R.S.R., Bucureşti, 1967.

103.-P3. PELECUDI, CHR., *Precizia mecanismelor.* Editura Academiei R.S.R., Bucureşti, 1975.

104.-P4. PELECUDI, CHR., MAROS, D., MERTICARU, V., PANDREA, N., SIMIONESCU, I., *Mecanisme.* E.D.P., Bucureşti, 1985.

105.-P5. PELECUDI, CHR., ş.a., *Proiectarea mecanismelor.* I.P.B., Bucureşti, 1981.

106.-P6. PELECUDI, CHR., s.a., *Probleme de mecanisme.* Editura didactică şi pedagogică, Bucuresti, 1982.

107.-P7. PELECUDI, CHR., s.a., *Algoritmi şi programe pentru analiza mecanismelor.* Editura tehnică, Bucureşti, 1982.

108.-P8. PELECUDI, CHR., SIMIONESCU, I., ENE, M., CANDREA, A., STOENESCU, M., MOISE, V., *Mecanisme cu cuple superioare: came şi roţi.* I.P.B., Bucureşti, 1982.

109.-P9. POPESCU, I., *Proiectarea mecanismelor plane.* Editura Scrisul Românesc din Craiova, 1977.

110.-P10. PETRESCU, R., V., STĂNESCU, M. *Secţiunea propriuzisă - reprezentare cu aplicare împreună cu rupturi, filete, notarea toleranţelor dimensionale, abaterilor de formă, abaterilor de poziţie, rugozitate.* In al 3-lea Seminar National de Geometrie Descriptivă şi Desen, Cluj-Napoca, 1992, Vol. II, p. 257-259.

111.-P11. PETRESCU, R., V., STĂNESCU, M. *Particularităţi ale construcţiei unor cercuri care conţin un punct din spaţiu şi sunt tangente planelor bisectoare.* In al 3-lea Seminar Naţional de Geometrie Descriptivă şi Desen, Cluj-Napoca, 1992, Vol. II, p. 261-264.

112.-P12. PETRESCU, R., V., STĂNESCU, M. *Sintetizarea noţiunilor de punct, dreaptă, plan, prin probleme de construcţii de figuri plane, fără a folosi metodele geometriei descriptive..* În al 3-lea Seminar Naţional de Geometrie Descriptivă şi Desen, Cluj-Napoca, 1992, Vol. II, p. 265-268.

113.-P13. PETRESCU, F., PETRESCU, R. *Contribuţii la optimizarea legilor polynomiale, de mişcare a tachetului de la mecanisme de distribuţie ale motoarelor cu ardere internă.* În a V-a Conferinţă "Economicitatea, Securitatea şi Fiabilitatea Autovehiculelor", ESFA'95, Bucureşti, 1995, Vol. I, p. 249-256.

114.-P14. PETRESCU, F., PETRESCU, R. *Contribuţii la sinteza mecanismelor de distribuţie ale motoarelor cu ardere internă.* În a V-a Conferinţă "Economicitatea, Securitatea şi Fiabilitatea Autovehiculelor", ESFA'95, Bucureşti, 1995, Vol. I, p. 257-264.

115.-P15. PETRESCU, R., ZGURA, A., ANTONESCU, P. *Modelarea cinematică a curbelor de intersecţie a corpurilor cilindro-conice în proiecţie ortogonală.* În al VII-lea Siopozion Naţional de Mecanisme şi Transmisii Mecanice, Reşiţa, 1996, p. 147-152.

116.-P16. PETRESCU, F., PETRESCU, R. *Dinamica mecanismelor cu came (exemplificată pe mecanismul clasic de distribuţie).* In The Seventh IFToMM International Symposium on Linkages and Computer Aided Design Methods - Theory and Practice of Mechanisms, SYROM'97, Bucharest, 1997, Vol. 3, p. 353-358.

117.-P17. PETRESCU, F., PETRESCU, R., ANTONESCU, O. *Contribuţii la sinteza mecanismelor de distribuţie ale motoarelor cu ardere internă cu metoda coordonatelor carteziene.* In The Seventh IFToMM International Symposium on Linkages and Computer Aided Design Methods - Theory and Practice of Mechanisms, SYROM'97, Bucharest, 1997, Vol. 3, p. 359-364.

118.-P18. PETRESCU, F., PETRESCU, R., ANTONESCU, O. *Contribuţii la maximizarea legilor polinomiale pentru cursa activă a mecanismului de distribuţie de la motoarele cu ardere internă.* In The Seventh IFToMM International Symposium on Linkages and Computer Aided Design Methods - Theory and Practice of Mechanisms, SYROM'97, Bucharest, 1997, Vol. 3, p. 365-370.

119.-P19. PETRESCU, L., MARIN, G., PETRESCU, R. *Elemente de grafică computerizată (Notiţe de curs şi aplicaţii).* Editura BREN, Bucureşti, 1998.

120.-P20. PETRESCU, F., PETRESCU, R. *Designul (sinteza) mecanismelor cu came prin metoda coordonatelor polare (metoda triunghiurilor).* In The VII-th Edition of the National Conference With International Participation, GRAFICA-2000, Craiova, Romania, 2000, p. 291-296.

121.-P21. PETRESCU, F., PETRESCU, V. *Sinteza mecanismelor de distribuţie prin metoda coordonatelor rectangulare (carteziene).* In The VII-th Edition of the National Conference With International Participation, GRAFICA-2000, Craiova, Romania, 2000, p. 297-302.

122.-P22. PETRESCU, R., PETRESCU, F., MAGHIARI, E., CRISTIAN, I. *Evoluţia predării cursului de geometrie descriptivă la nivel superior în ultimii 200 ani.* În The VII-th Edition of the National Conference With International Participation, GRAFICA-2000, Craiova, Romania, 2000, p. 315-320.

123.-P23. PETRESCU, F., PETRESCU, R. *Legi de mişcare pentru mecanismele cu came.* În al VII-lea Simpozion Naţional cu Participare

Internaţională Proiectarea Asistată de Calculator, PRASIC'02, Braşov, 2002, Vol. I, p. 321-326.

124.-P24. PETRESCU, F., PETRESCU, R. *Elemente de dinamica mecanismelor cu came.* În al VII-lea Simpozion Naţional cu Participare Internaţională Proiectarea Asistată de Calculator, PRASIC'02, Braşov, 2002, Vol. I, p. 327-332.

125.-P25. PETRESCU, V., PETRESCU, I., ANTONESCU, O. *Randamentul cuplei superioare de la angrenajele cu roţi dinţate cu axe fixe.* În al VII-lea Simpozion Naţional cu Participare Internaţională Proiectarea Asistată de Calculator, PRASIC'02, Braşov, 2002, Vol. I, p. 333-338.

126.-P26. PETRESCU, I., PETRESCU, V., OCNARESCU, C. *The Cam Synthesis With Maximal Efficiency.* În al VII-lea Simpozion Naţional cu Participare Internaţională Proiectarea Asistată de Calculator, PRASIC'02, Braşov, 2002, Vol. I, p. 339-344.

127.-P27. PETRESCU, F., PETRESCU, R. *Câteva elemente privind îmbunătăţirea designului mecanismului motor.* În al VIII-lea Simpozion Naţional, de Geometrie Descriptivă, Grafică Tehnică şi Design, GTD 2003, Braşov, iunie 2003, Vol. I, p. 353-358.

128.-P28. PETRESCU, R., PETRESCU, F. *The gear synthesis with the best efficiency.* In the 7th International Conference, FUEL ECONOMY, SAFETY and RELIABILITY of MOTOR VEHICLES, ESFA 2003, Bucharest, May 2003, Vol. 2, p. 63-70.

129.-P29. PAIZI, Gh., ş.a., *Organe de maşini şi mecanisme.* Editura Didactică şi Pedagogică, Bucureşti, 1977.

130.-P30. PAVELESCU, D., ş.a., *Tribologie.* Editura Didactică şi Pedagogică, Bucureşti, 1977.

131.-P31. PELECUDI, Ch., ş.a., *Echilibrarea robotului cu bare şi roţi dinţate.* În SNRI X, Bucureşti, 1991.

132.-P32. POPESCU, I., ş.a., *La synthese geometrique exacte d'un mecanisme qui trace une courbe a point triple.* In the 8-th Symposium on Mechanisms, Timişoara, 2000, Vol. I, p. 255-260.

133.-R1. RADOI M., DECIU E., *Mecanica.* E.D.P., Bucureşti, 1973.

134.-R2. RADOI M., DECIU E., *Mecanica.* E.D.P., Bucureşti, 1977.

135.-R3. REHWALD, W., LUCK, K., Kosim – *Koppelgetriebesimulation.* In: Fortschritt Berichte VDI, Reihe 1, Nr. 332. Dusseldorf: VDI Verlag, 2000.

136.-R4. REHWALD, W., LUCK, K., *Betrachtungen zur Zahl der Koppelgetribetypen.* Wissenschaftliche Zeitschrift der TU Dresda, 50(2001) Heft 3, p. 107-115.

137.-R5. RICHTER – GEBERT, J., KORTENKAMP, K. H., *Benutzerhandbuch fur die interactive Geometrie – Software Cinderella Version 1.2.* Berlin: Springer, 2000.

138.-S1. SILAS, GH., *Mecanică-vibraţii mecanice*, E.D.P., Bucureşti, 1968.

139.-S2. STOICESCU, A., *Dinamica autovehiculelor.* Vol. I-II., I.P.B., Bucureşti, 1980-82.

140.-S3. STOICESCU, A., *Dinamica autovehiculelor pe roţi*. E.D.P., Bucureşti, 1981.

141.-S4. SIMION, I., *Geometrie Descriptivă*. Editura BREN, Bucureşti, 2002.

142.-S5. SIMION, I., *Probleme de Geometrie Descriptivă*. Bucureşti, 2002.

143.-S6. SIMIONESCU, I., *Sinteza mecanismelor*. Lito UPB, 1987.

144.-S7. STOICA, I. A., *Interferenţa roţilor dinţate*. Editura DACIA, Cluj-Napoca, 1977.

145.-S8. SASS, L., POPESCU, I., *La synthese geometrique exacte d'un mecanisme qui trace une courbe cubique circulaire*. In the 8-th Symposium on Mechanisms, Timişoara, 2000, Vol. I, p. 295-300.

146.-S9. SASS, L., POPESCU, I., *La synthese geometrique exacte d'un mecanisme ellipsographe et d'un mecanisme de linearite*. In the 8-th Symposium on Mechanisms, Timişoara, 2000, Vol. I, p. 301-306.

147.-Ş1. ŞAŞKIN, A. G., *Zubciato rîciajnîe mehanizmî*. Izd. Maşinostroenie, Moskva, 1971.

148.-Ş2. ŞAŞKIN, A. G., *Sintezu zubciato - rîciajnîh mehanizmov s vâstoem*. Teoria maşin I mehanizmov, Moskva, 1963, Vol. 94-95, p. 88-110.

149.-T1. TEMPEA, I., POPA, GH., *Mecanisme plane articulate*. I.P.B., Bucureşti, 1978.

150.-T2. TEMPEA, I., MARTINEAC, A., *Organe de maşini, teoria mecanismelor şi prelucrării prin aşchiere*. Partea I , mecanisme, I.P.B., Bucureşti, 1983.

151.-T3. TEMPEA, I., BALESCU, C., ADIR, G., *Mecanism de presare destinat mecanizării operaţiei de formare în rame (părţile I şi II)*. In al VII-lea Simpozion naţional de roboţi industriali şi mecanisme spaţiale. Vol. 3., Bucureşti, 1987.

152.-T4. TUTUNARU, D., *Mecanisme plane rectiliniare şi inversoare*. Editura tehnică, Bucureşti, 1969.

153.-T5. TERME, D., *Besondere Merkmalebeider Nutzung des Pressungwinkels fur kurvengetriebeanalyse und-Synthese*. In SYROM'85,Vol. III-2, pp. 489-504, Bucureşti, iulie 1985.

154.-T6. TEMPEA, I., LAZĂR, I., *Consideraţii preliminare asupra unei clasificări structural sistemice a mecanismelor cu roţi dinţate cu axe mobile*. PRASIC'94. Transmisii mecanice, Braşov, 1994, p. 171-178.

155.-T7. TEMPEA, I., ş.a., *About some solution of structural equation concerning four-bar mechanisms*. În TCMM nr. 28, SYROM'97, Bucureşti, p. 351-258.

156.-T8. TEMPEA, I., LAZĂR, I., *Possible solutions for the synthesis of the main mechanism of the double-loop retractabel mechanism*. In the 8-th Symposium on Mechanisms, Timişoara, 2000, Vol. I, p. 313-320.

157.-T9. TEMPEA, I., MOISE, V., *Soluţii privind acţionarea unei maşini-unelte de mortezat dantura, în scopul creşterii performanţelor acesteia*. În PRASIC'02, Braşov, 2002, Vol. I.

158.-V1. VOINEA, R., VOICULESCU, D., CEAUSU, V., *Mecanica*. E.D.P., Bucureşti, 1975.

PE CURÂND!

AUTORII